CALLWEY

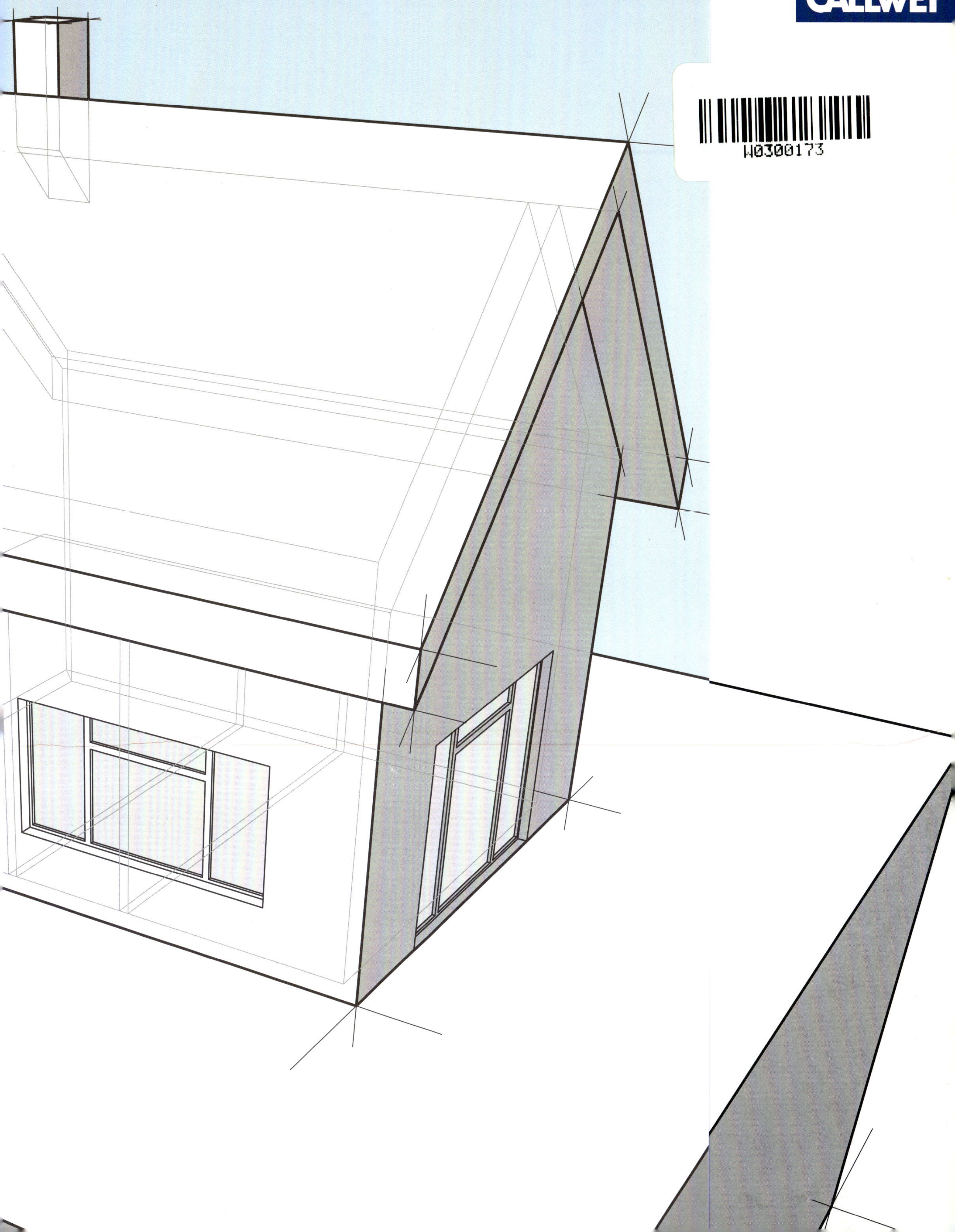

Bettina Rühm
Bettina Seeger   Matthias Ullmann

Das 1x1 des Hausbaus

Der große Ratgeber für Neubau und Sanierung

Callwey

Inhalt

Einleitung

Wie soll Ihr Traumhaus aussehen?

Mit dem Wunsch nach einem eigenen Wohnhaus verbinden viele Menschen mehr als ein Dach über dem Kopf und Privatsphäre. Frei stehende Einfamilienhäuser, Doppelhaushälften oder Reihenhäuser bieten für jede Lebenssituation vielfältige architektonische und gestalterische Möglichkeiten. Sie haben bereits ein Bild zu Ihrem Traumhaus im Kopf? Vielleicht haben Sie auch schon erste Grundriss-Skizzen angefertigt und überlegt, welche Materialien sich für Ihr neues Heim am besten eignen würden? Doch bevor es mit der konkreten Planung losgeht, sind noch einige Vorbereitungen und Entscheidungen zu treffen.

Wenn Sie als Bauherr das Projekt Eigenheim starten, stehen Sie vor einer spannenden und zugleich sehr komplexen Aufgabe. Als Erstes stehen die Grundstückssuche und die Finanzierungsplanung an. Dabei sollten Sie auch die Notarkosten, die Grunderwerbssteuer, die Kosten der Erschließung für das Grundstück sowie für die Finanzierung selbst berücksichtigen. Als Nächstes stellt sich die Frage: Architektenhaus oder Fertighaus? Architektenhäuser sind individuell gestaltet und auf das jeweilige Grundstück abgestimmt, Sie können all Ihre Wünsche mit einem Architekten besprechen. Fertighäuser dagegen haben den Vorteil, dass sie bereits bis ins Detail geplant sind und somit schnell aufgebaut werden können. Wenn Sie sich für ein Fertighaus entscheiden, kaufen Sie ein vorgegebenes Haus schlüsselfertig beim Hersteller. Es kann zwar noch in einem gewissen Rahmen Ihren Wünschen angepasst werden, z. B. bezüglich der Trennwände und Türen beim Innenausbau, die äußere Form ist jedoch vorgegeben und lässt sich z. B. nicht für schwierigere Grundstücke „zuschneiden". Der Vorteil wiederum ist, dass Sie Ihr Wunschhaus bereits vor dem Kauf besichtigen können, sich um nichts weiter kümmern müssen und häufig, wenn auch nicht immer, in relativ kurzer Zeit einziehen können.

Der Architekt – Fachmann für alle baulichen Belange

Wenn Sie mit einem Architekten bauen, sind Sie am gesamten Prozess von der Planung bis zur Fertigstellung Ihres Hauses von Anfang an mitbeteiligt und können bei vielen Dingen als Bauherr mitentscheiden. Der Architekt plant als Fachmann gemeinsam mit Ihnen Ihr Haus und koordiniert alle am Bau Beteiligten. Er verhilft Ihnen auch bei komplexen Randbedingungen zu einem individuell zugeschnittenen Haus, das Ihrem persönlichen Stil entspricht und zugleich von hoher architektonischer Qualität ist. Anders als der Käufer eines Fertighauses können Sie jederzeit ins Geschehen eingreifen. Für das Honorar des Architekten sollten Sie 10 bis 15 Prozent der Bausumme veranschlagen. Doch nicht in jedem Fall ist ein Architektenhaus teurer als ein Haus von der Stange, denn Größe und Ausstattung lassen sich ohne Einbußen an der Qualität an das von Ihnen vorgegebene Budget anpassen. Erfahrene Architekten können auch mit geringem Budget gute Architektur realisieren.

Die Entscheidung für eine Konstruktionsart

Wer sein eigenes Haus plant, hat meist bereits bestimmte Vorstellungen von Größe, Aussehen und Art der Ausstattung. Art und Lage des Bauplatzes sowie die jeweils gültige Bauordnung grenzen häufig den Spielraum erheblich ein. So können beispielsweise die Höhe des Gebäudes, die Dachform und -neigung sowie die Mindestabstände zur Grundstücksgrenze verbindlich vorgegeben sein. Der Architekt hilft Ihnen dabei, Ihre Vorstellungen mit den gegebenen Randbedingungen in Einklang zu bringen. Darüber hinaus sollten Sie mit ihm grundsätzliche Fragen besprechen wie z. B., ob Ihr geplantes Haus als Massiv- oder Holzständerbau ausgeführt werden soll. Für das Bauen mit Holz spricht neben der guten CO_2-Bilanz die

relativ kurze Bauzeit. Die einzelnen Holzelemente werden vorgefertigt auf die Baustelle geliefert und dort nur noch zusammengesetzt. Dadurch reduzieren sich auch mögliche Fehlerquellen, denn sogar die Fenster und Steckdosenöffnungen sind bereits in die fertigen Wandelemente integriert. Der Nachteil dabei ist, dass der Wandaufbau komplizierter ist als beim Massivbau, alles bis ins Detail vorgeplant werden muss und somit spätere Änderungen schwieriger durchzuführen sind. Da beim Holzbau meist ein Raster zugrunde gelegt wird, besteht für Sie auch weniger Flexibilität bei der Grundrissplanung.

Die Massivbauweise ist aufwändiger als der Holzbau, denn der Rohbau wird vor Ort nach und nach errichtet und muss anschließend trocknen. Diese Bauweise ist etwas fehleranfälliger als die Holzbauweise, allerdings auch preiswerter. Außerdem bieten Massivbauten einen besseren Schallschutz. Um hohen Außenlärm abzuschirmen, z. B. in Einflugschneisen, kann sogar das Dach aus massiven Bauteilen aufgebaut sein.

Sobald die Entscheidung für eine der beiden Konstruktionsarten gefallen ist, stellen sich schon die nächsten Fragen: Welche Wärmedämmung eignet sich am besten? Ist ein Keller notwendig und sinnvoll? Welche Alternativen gibt es zum Keller? Ist ein Steildach besser als ein Flachdach? Wie viele Fenster und in welcher Größe sind nötig? Welcher Energiestandard soll angestrebt werden? Welches Heizsystem ist das geeignete? Wie lässt sich am effektivsten Energie sparen und ist es sinnvoll, selbst Energie z. B. mit einem Solardach zu gewinnen? Beim Sanieren eines Altbaus fragen Sie sich vielleicht, wie Sie mit wenig Aufwand das bestehende Heizsystem modernisieren oder das Dach richtig dämmen, um es nachträglich als Wohnraum ausbauen zu können.

Wie sieht es mit der Eigenleistung aus?

Vielleicht fragen Sie sich auch, welche baulichen Maßnahmen Sie selbst ausführen können. Die Beantwortung dieser Frage hängt natürlich von Ihrer persönlichen Erfahrung, Ihrem Geschick und der Ihnen zur Verfügung stehenden Zeit ab. Manche Dinge, wie das Dach von innen zu dämmen oder einen Fußbodenbelag zu verlegen, können von einem geübten Heimwerker häufig selbst übernommen werden. Andere Dinge sollten Sie lieber dem Fachmann überlassen, auch wenn es Spaß machen kann, selbst ein Stück Wand zu mauern. Definitiv in fachliche Hände gehören die meisten Rohbau- sowie sämtliche Elektroarbeiten und das Verlegen von Wasserleitungen.

Die wichtigste Eigenleistung besteht jedoch in einer sorgfältigen Planung Ihres Projekts und in der engen Zusammenarbeit mit Ihrem Architekten. Mit ihm sollten Sie einen engen Dialog pflegen, denn nur so kann er Ihre

Wünsche optimal umsetzen. Nehmen Sie sich die Zeit, gut informiert und bestens vorbereitet an Ihr Bauprojekt heranzugehen. Seien Sie als Auftraggeber ein kompetenter Gesprächspartner für Architekten und Handwerker – und schauen Sie auf Ihrer Baustelle so oft es geht vorbei, damit Sie jederzeit einen Überblick über den Fortschritt der Arbeiten haben.

Zu diesem Buch

Dieses Buch bietet einen umfassenden und anschaulichen Überblick über die wesentlichen Abläufe und gestalterischen Möglichkeiten beim Bau eines Einfamilienhauses. Es beschreibt die wichtigsten beim Neubau bzw. bei der Sanierung von Altbauten verwendeten Materialien und Konstruktionsweisen, diskutiert aktuelle Energiestandards und führt in die komplexe Thematik der Heiz- und Gebäudetechnik sowie in die wesentlichen Bereiche des Innenausbaus ein, wobei auch die für Böden und Wände üblicherweise verwendeten Materialien angesprochen werden. Eigentümern eines Altbaus zeigt es Möglichkeiten auf, ihr bestehendes Gebäude in verschiedenen Bereichen zu modernisieren und energetisch auf den neuesten Stand zu bringen.

Dieses Buch richtet sich in erster Linie an private Bauherren, die einen Neubau planen oder ihr bestehendes Haus modernisieren möchten, aber auch an alle anderen am Bauen Interessierten. Damit Sie wissen, welche baulichen Schritte und Entscheidungen anstehen, gibt das Buch Hinweise auf bestimmte Problematiken und erläutert Vorgehensweisen, wie das Anbringen einer Wärmedämmung oder das Aufstellen einer Trockenbauwand.

Das „1x1 des Hausbaus" soll und kann allerdings nicht den Fachmann ersetzen. Es bietet auch nicht detaillierte handwerkliche Anleitungen oder konkrete Maßvorgaben, die z. B. bei der Ausführung von Eigenleistungen wichtig sind. Hier sei auf die vielfältige Fachliteratur verwiesen. Das Buch soll Ihnen vielmehr das nötige Grundwissen vermitteln, um die erforderlichen Schritte und Maßnahmen am Bau gut nachvollziehen zu können. Mit diesem Wissen sind Sie dann in der Lage, mit Architekten und Handwerkern auf Augenhöhe zu kommunizieren und die richtigen Fragen zu stellen.

Damit die Lust am Lesen über Baukonstruktion und Technik nicht durch fachspezifische Sprache leidet, haben wir Autoren uns bemüht, auch komplexe Sachverhalte leicht verständlich zu vermitteln. Wenn Sie nach der Lektüre das Buch aus der Hand legen, kann schon bald der erste Spatenstich erfolgen – und Ihr Haus nimmt von nun an Stück für Stück Gestalt an – jetzt nicht mehr nur auf dem Papier, sondern in der Realität.

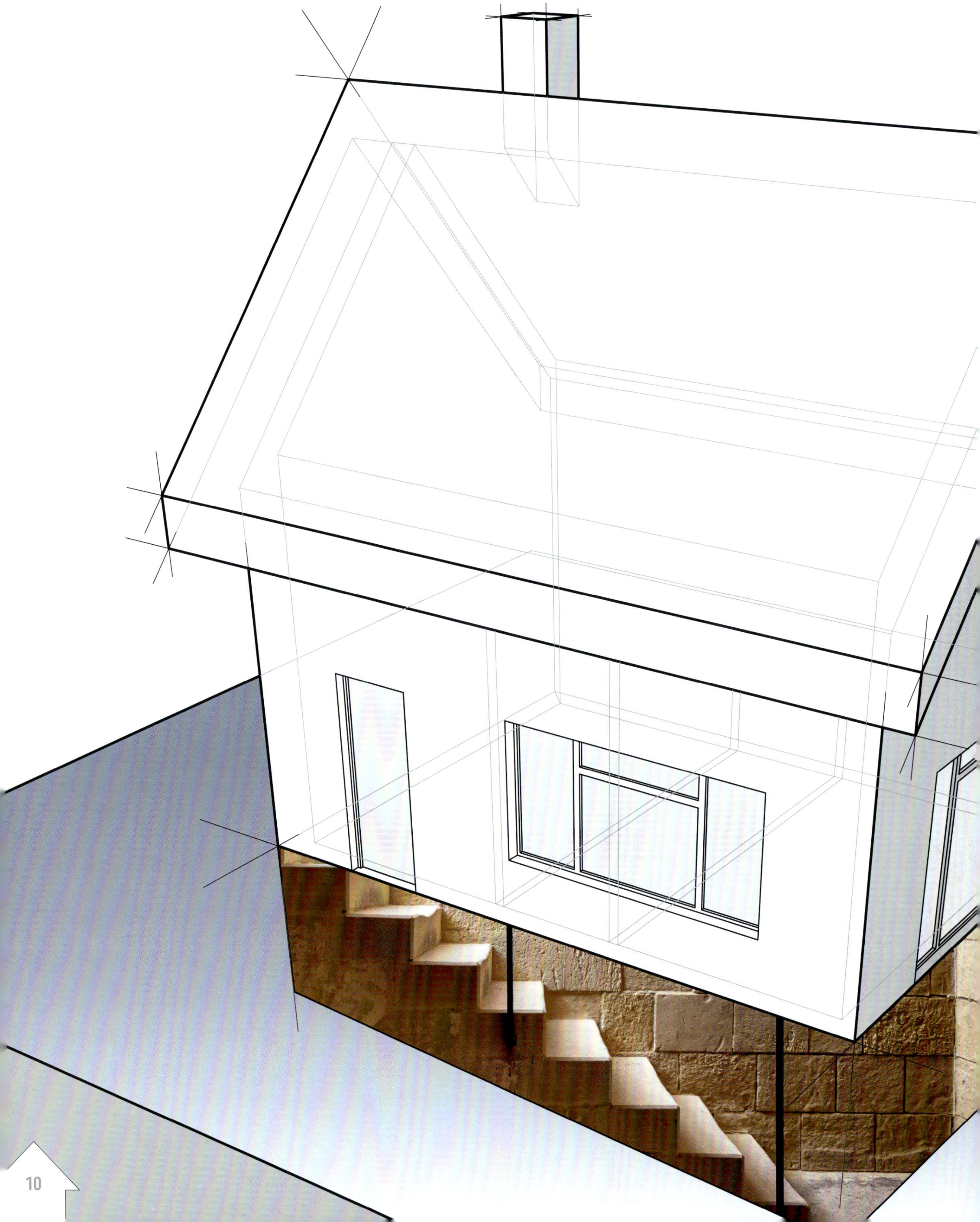

Der Keller

Raum für Vorrat, Hobby und Technik

Ist es sinnvoll, beim Neubau einen Keller einzuplanen? Wenn Sie mit dem Gedanken spielen, einen Keller anzulegen, sollten Sie sich zunächst kritisch fragen, ob Sie ihn wirklich benötigen. Ein Keller erhöht die Baukosten erheblich, denn es kommen der Erdaushub, zusätzliche Baumaterialien, die Abdichtung der Kellerwände, die Wärmedämmung, eine innere Erschließung durch Treppen sowie Kellerfenster und Lichtschächte hinzu. Die Heizungsanlage, Waschküche und Abstellräume müssen nicht im Keller untergebracht werden, sie lassen sich ebenso gut ebenerdig in den Grundriss integrieren oder alternativ kostengünstig in einen unbeheizten Anbau an die Garage verlegen. Für einen Keller spricht allerdings ein beengtes Grundstück, das nicht genügend Fläche für die ebenerdige Anordnung aller Nebenräume bietet. Vielleicht möchten Sie im Keller aber auch einen Weinkeller, eine Sauna oder einen Partyraum unterbringen.

Gemauerte Kellerwände.
Außen fehlt noch die Abdichtung gegen Feuchtigkeit

Baugrund und Kellerplanung

Vor der Planung eines Neubaukellers muss ein Bodengutachten erstellt werden, um den Grundwasserstand abzufragen und zu klären, ob mit Feuchte zur rechnen ist. Wenn aufgrund hoher Bodenfeuchte eine sogenannte Weiße Wanne (siehe Abschnitt „Abdichtung der Wand von außen") ausgeführt werden muss, erhöhen sich die Baukosten erheblich.

In jedem Fall muss ein Keller, ob beheizt oder unbeheizt, gut abgedichtet werden, damit aus dem Erdreich keine Feuchtigkeit eindringen kann. Trocken und ringsum gedämmt bietet ein Keller bei gesundem Raumklima Platz für Hobby, Sport und Hausarbeit. Sie gewinnen dann nicht nur Wohnraum, sondern sparen langfristig aufgrund des geringeren Heizenergiebedarfs auch Kosten.

Checkliste Kellerausbau

- ▷ Wie soll der Keller genutzt werden (z. B. Lagerraum, Wohnraum oder Sauna)?
- ▷ Sind Fenster oder Möglichkeiten zur Belüftung vorhanden?
- ▷ Wie hoch ist der Grundwasserstand?
- ▷ Ist der Keller ausreichend gedämmt und gegen Feuchtigkeit abgedichtet?
- ▷ Soll eine Dusche oder ein WC eingebaut werden?
- ▷ Welche elektrischen Anschlüsse sind vorhanden?
- ▷ Wie hoch sind die Kellerräume?
- ▷ Wie hoch wird der neue Bodenaufbau?
- ▷ Sollen Heizkörper bzw. Flächenheizungen installiert werden?

Betonierter Keller. Bei der sogenannten Weißen Wanne sind die Wände und Anschlüsse wasserdicht und werden nur noch von außen gedämmt.

Trocken und Behaglich

Wenn Keller feucht sind, entstehen unangenehme Gerüche. Die Feuchtigkeit zieht in Kartons, Kleidung und andere nicht wasserfeste Gegenstände, die im Keller gelagert sind. Diese werden erst klamm und schimmeln schließlich. Die Ursache kann feuchte Raumluft sein, die an den kalten Wänden kondensiert. Häufiger ist dafür jedoch eine mangelhafte oder fehlende Abdichtung verantwortlich. Bauteile im Erdreich wie Kellerwände und -böden sind ständiger Feuchtigkeit ausgesetzt. Kann diese nach und nach eindringen, entstehen Bauschäden und Schimmel.

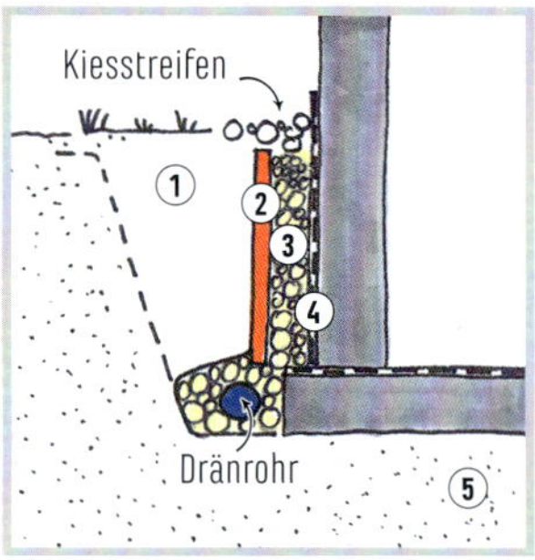

① Hinterfüllung
② Filterschicht
③ Sickerschicht
④ Abdichtung
⑤ Nicht sickerfähiger Baugrund, z. B. Lehm

Dränage

Wenn das Wasser im Boden nicht richtig versickern kann, z. B. bei sehr dichtem Erdreich oder lehmigem Baugrund, können Schäden an der Außenwand entstehen. Abhilfe schafft eine Dränage, d. h. ein im Fundamentbereich verlegtes Rohr, in dem das anfallende Wasser gesammelt und direkt in die Kanalisation oder in einen Sickerschacht abgeleitet wird. Dafür werden rings um das Gebäude entweder perforierte oder geschlitzte Rohre mit einem Gefälle von mindestens 1,5 % verlegt. Eine vor der Wand liegende sickerfähige Schicht, die durch ein Filtervlies geschützt wird, leitet das anfallende Wasser direkt ins Rohr und von dort in die Kanalisation. So bleibt das Haus von unten trocken und geschützt vor Staunässe und Schimmelbildung.

Abdichtung an Kellerwand und Kellerschacht: die sogenannte Schwarze Wanne.

Info

Folgende Feuchtigkeitsprobleme können dem Keller zusetzen:

- ▷ Bodenfeuchte (ist immer im Erdreich vorhanden)
- ▷ Nichtstauendes Sickerwasser (Regenwasser, das nach und nach versickert)
- ▷ Aufstauendes Sickerwasser (Regenwasser, das aufgrund der Bodenverhältnisse nur sehr langsam versickert und auf die Kellerwände drückt)
- ▷ Von außen drückendes Grundwasser

Abdichtung der Wand von außen

Unerlässlich ist eine Außenabdichtung immer dann, wenn sich Regenwasser im Erdreich staut und von außen auf die Kellerwände drückt. Um Kellerwände von außen abzudichten, gibt es mehrere Möglichkeiten, je nachdem, ob es sich um einen Neubau oder um die Sanierung eines Altbaus handelt. Beim Neubau wird der Keller meist entweder als sogenannte Weiße oder Schwarze Wanne ausgebildet. Bei der Weißen Wanne bestehen Boden und Außenwände des Kellers aus einem speziell bewehrten und wasserdichten Beton, der wie eine Wanne das gesamte Kellergeschoss umfasst. Der Übergang vom Boden zur Wand wird mit speziell eingelegten Fugenbändern abgedichtet. Das Gleiche gilt für alle Durchdringungen der Bodenplatte, z. B. für Grundleitungen oder Ähnliches. Zusätzlich wird bei einer Weißen Wanne der Boden von innen abgedichtet. Bei hohem Grundwasserstand oder bei Überschwemmungsgefahr, z. B. durch fließende Gewässer, müssen immer Weiße Wannen ausgeführt werden. Bei der Schwarzen Wanne hingegen werden die Außenwände und der Kellerboden flächendeckend mit Abdichtungsbahnen auf Kunststoff- oder Bitumenbasis eingehüllt.

Oben: **Montage eines Fertigkellers. Die Elemente werden mit Beton ausgegossen und der Übergang von Boden zu Wand wird mit speziellen Fugenbändern abgedichtet.**

Mögliche Systeme zur Außenabdichtung von Kellerwänden und Böden

Bitumendickbeschichtung
- ▷ Für die nahtlose Abdichtung von erdberührten Außenwandflächen
- ▷ Auch bei schwierigen Bauwerksgeometrien geeignet
- ▷ Wird in zwei Arbeitsgängen gespachtelt oder gespritzt

Bitumenabdichtungsbahn
- ▷ Schnelle Abdichtung erdberührter Bauteile
- ▷ Ideal für die Abdichtung von Bodenflächen unter Estrichen
- ▷ Wird überlappend verklebt

Dichtschlämme
- ▷ Für Sockel
- ▷ Für Übergänge zwischen Wand und Boden

Nachträgliche Abdichtung

Den Keller im Rahmen einer Sanierung von außen abzudichten, ist aufwändig und empfiehlt sich nur bei wirklichen Feuchteschäden. Dazu muss erst die Erde rings um das Gebäude ausgehoben werden, um die Kellerwände freizulegen. Wenn Sie diesen Aufwand nicht scheuen, ist es sinnvoll, bei dieser Gelegenheit den Keller auch gleich von außen zu dämmen.

Innenabdichtung des Bodens

Das A und O bei der Innenabdichtung ist die äußerst sorgfältige Vorbereitung des Untergrunds. Dringt Feuchtigkeit durch die Bodenplatte ein, wird zunächst der Bodenbelag vollständig entfernt und bei unebenem Untergrund ein Ausgleichsestrich aufgetragen. Die Bodenplatte wird dann mit Dichtungsschlamm oder mit Bitumenbahnen abgedichtet. Wichtig: Der Übergang zwischen Boden und Wand muss mit einbezogen werden.

Rechts: Ein Ausgleichsestrich sorgt für einen ebenen Untergrund, um die dichtende Schicht darauf zu verlegen

Rechte Seite: Abgedichtet und wärmegedämmt bietet ein Keller vielfältige Nutzungsmöglichkeiten, z. B. eine eigene Hobby-Werkstatt

mazzucchelli
1304
13
ELMAG
MEISTER 600/10/100 D

Wärmedämmung des Kellers

Mit einem wärmegedämmten und beheizten Keller steht Ihnen nicht nur zusätzlicher nutzbarer Raum zur Verfügung, sondern es steigt auch der Wohnkomfort im gesamten Haus. Eine Kellerdämmung schützt zudem vor Feuchteschäden und Schimmelbefall, da an warmen Wänden die Raumluft nicht kondensiert. Sie können je nach Bedarf die Wände und den Boden oder nur die Kellerdecke dämmen.

Dämmung der Kellerdecke

Im Neubau – Dämmung von oben

Im Neubau wird die Kellerdecke in der Regel von oben gedämmt. Leitungen, die im Keller auf Putz verlaufen, müssen zusätzlich immer gedämmt werden, unabhängig davon, ob der Keller beheizt oder unbeheizt ist.

Im Altbau – Dämmung von unten

Im Altbau kann die Decke auch von unten gedämmt werden, sodass der Fußboden im Erdgeschoss nicht geöffnet werden muss. Die Dämmplatten werden je nach Untergrund an die Decke geklebt oder geschraubt, was ein versierter Heimwerker selbst bewerkstelligen kann. Die Dämmung der Deckenunterseite wird allerdings häufig durch auf Putz liegende Leitungen erschwert, die ebenfalls gedämmt werden müssen. Gemäß EnEV ist dies im unbeheizten Altbaukeller sogar Pflicht. Wenn Sie die Kellerdecke von unten dämmen, blicken Sie allerdings auf ungestrichene Dämmplatten, was möglicherweise nicht jedermanns Geschmack ist. Verputzen und Streichen bedeutet einen zusätzlichen Aufwand, und bei einer Verkleidung der Deckenunterseite geht Raumhöhe verloren.

Thema im Fokus

Sanierung des Altbaukellers

Wohnen Sie in einem Altbau mit Keller, sollte ein Fachmann prüfen, ob der Keller ausreichend abgedichtet und wärmegedämmt ist oder ob er dahingehend saniert werden muss. Unbeheizte Kellerräume und ungedämmte Kellerdecken kühlen den Fußboden des darüber liegenden Geschosses aus und es geht Wärme über den Boden verloren. Das ausschließliche Dämmen der Kellerdecke ist dann eine gute Lösung, wenn Sie den Keller nur als Lager nutzen und ihn nicht beheizen. Die Dämmung sorgt dafür, dass Sie im Erdgeschoss keine kalten Füße bekommen und sich dort das Raumklima verbessert. Unter der Decke verlaufende Leitungen müssen allerdings immer gedämmt werden.

Linke Seite: Verglaster und nach oben erweiterter Kellerschacht: Viel Licht für den Kellerraum und Ausblick in den Garten.

Links: Vor dem Dämmen der Kellerdecke müssen Aussparungen für die Rohre in den Dämmstoff geschnitten werden.

Die sogenannte Perimeterdämmung ist feuchtebeständig und hüllt die Kellerwände ringsum ein.

Dämmung der Kellerwände

Im Neubau – Dämmung von außen

Bei Neubauten werden die Kellerwände immer von außen gedämmt. Die Außendämmung, auch Perimeterdämmung genannt, besteht aus wasser- und druckfestem Material. Während bei Neubauten der Keller von vornherein außen gedämmt werden kann, sind beim Altbau dafür Erdarbeiten nötig, um die Wände freizulegen.

Der Dämmstoff einer Perimeterdämmung muss hohen Belastungen standhalten:

– Druck durch das an die Kellerwand grenzende Erdreich
– Feuchtigkeit aus dem Erdreich
– Druck durch Grundwasser
– Spannungen durch Frost und Tau im oberflächennahen Bereich

Auch im Souterrain ist die Dämmung wichtig und sollte möglichst nur von außen erfolgen.

Im Altbau – Dämmung von außen oder innen

Während der Boden im Altbau in der Regel nur von innen gedämmt werden kann, sollten die Wände nach Möglichkeit nur von außen gedämmt werden. Dies hängt natürlich davon ab, ob die Außenwände im Kellerbereich zugänglich sind und das Erdreich ringsum abgetragen werden kann. Falls in Ihrem Keller keine Außendämmung möglich ist, z. B. bei Reihenhäusern oder wenn Ihre Garage angrenzt, sollte ein Fachmann die Möglichkeit einer Innendämmung prüfen. Diese sind wegen der bauphysikalischen Gegebenheiten allerdings immer komplizierter, daher nur als zweite Wahl zu betrachten und unbedingt einem Fachmann zu überlassen.

Vorgehensweise

Nach dem vollständigen Trocknen der Wände werden auf das Abdichtungssystem Drän- und Dämmplatten vollflächig geklebt. Diese Platten schützen auch die Dichtungsbahnen vor Beschädigungen, wie sie z. B. durch das Auffüllen der Baugrube entstehen können. Wichtig ist, dass an den Übergängen zur Fassadendämmung keine Lücken und somit Wärmebrücken entstehen. Grundsätzlich müssen alle am Bau verwendeten Dämmelemente den aktuellen Anforderungen der EnEV entsprechen.

Kellerlüftung im Sommer

Im Sommer sollten Sie Ihren Keller auf keinen Fall lüften, wenn es außen wärmer ist als innen. Sonst kondensiert die von außen einströmende warme Luft an den kühlen Kellerwänden und es bildet sich dort Tauwasser – ein häufig vorkommendes „hausgemachtes" Feuchtigkeitsproblem.

Nach dem Ausbau:
Weinkeller für gemütliche
Stunden mit Freunden.

Dämmung des Kellerbodens

Der Kellerboden wird beim Neubau meist von außen gedämmt, beim Altbau kann er nachträglich nur von innen gedämmt werden. Das kann bauliche Konsequenzen haben, denn durch den Dämmstoff erhöht sich der Fußbodenaufbau und die Raumhöhe nimmt somit ab. Dadurch ändern sich auch die Türen- und Durchgangshöhen und die Treppenstufen müssen angepasst werden.

Vorgehensweise

Auf den Rohboden werden die Abdichtung und darauf das trittfeste Dämm-Material verlegt. Es folgen eine Trennschicht und darauf der Estrich. Mit einer Versiegelung des Estrichs durch einen speziellen Anstrich wird er zu einem homogenen, strapazierfähigen Bodenbelag. Alternativ kann auf den Estrich aber auch ein anderer Bodenbelag wie z. B. Fliesen, Vinyl oder Laminat verlegt werden.

Abwasser und Entwässerung

Im Keller muss Schmutzwasser von Waschmaschine, WC oder Dusche genauso sicher wie in den oberen Geschossen abfließen können. Liegt der betreffende Kellerraum tiefer als der Kanalanschluss, was häufig der Fall ist, steht dafür kein natürliches Gefälle zur Verfügung. Die Anschlüsse liegen dann unterhalb der sogenannten Rückstauebene. Für WC und Dusche kommen Schmutzwasserpumpen und Hebeanlagen zum Einsatz. Sie befördern das Abwasser nach oben bis an die Stelle des Rohrsystems, an der sich bei Rückstau das Wasser verteilen kann. Im Normalfall ist das die Straßenebene. Eine Hebeanlage ist teuer, muss regelmäßig gewartet werden und hat eine gewisse Größe. Sinnvoll ist es daher, das Gerät schon in der Planung zu berücksichtigen und eine ausreichend große Aussparung in der Bodenplatte vorzusehen. Für Waschmaschine und Ausgussbecken kommt man ohne Hebeanlage aus, hier ist eine Rückstauklappe ausreichend.

Entwässerung: Rückstauebene ist die Ebene des Kanaldeckels auf der Straße, nicht die des Kanals selbst.

Ein gedämmter und beheizter Keller kann z. B. als Waschküche oder als Gästezimmer genutzt werden.

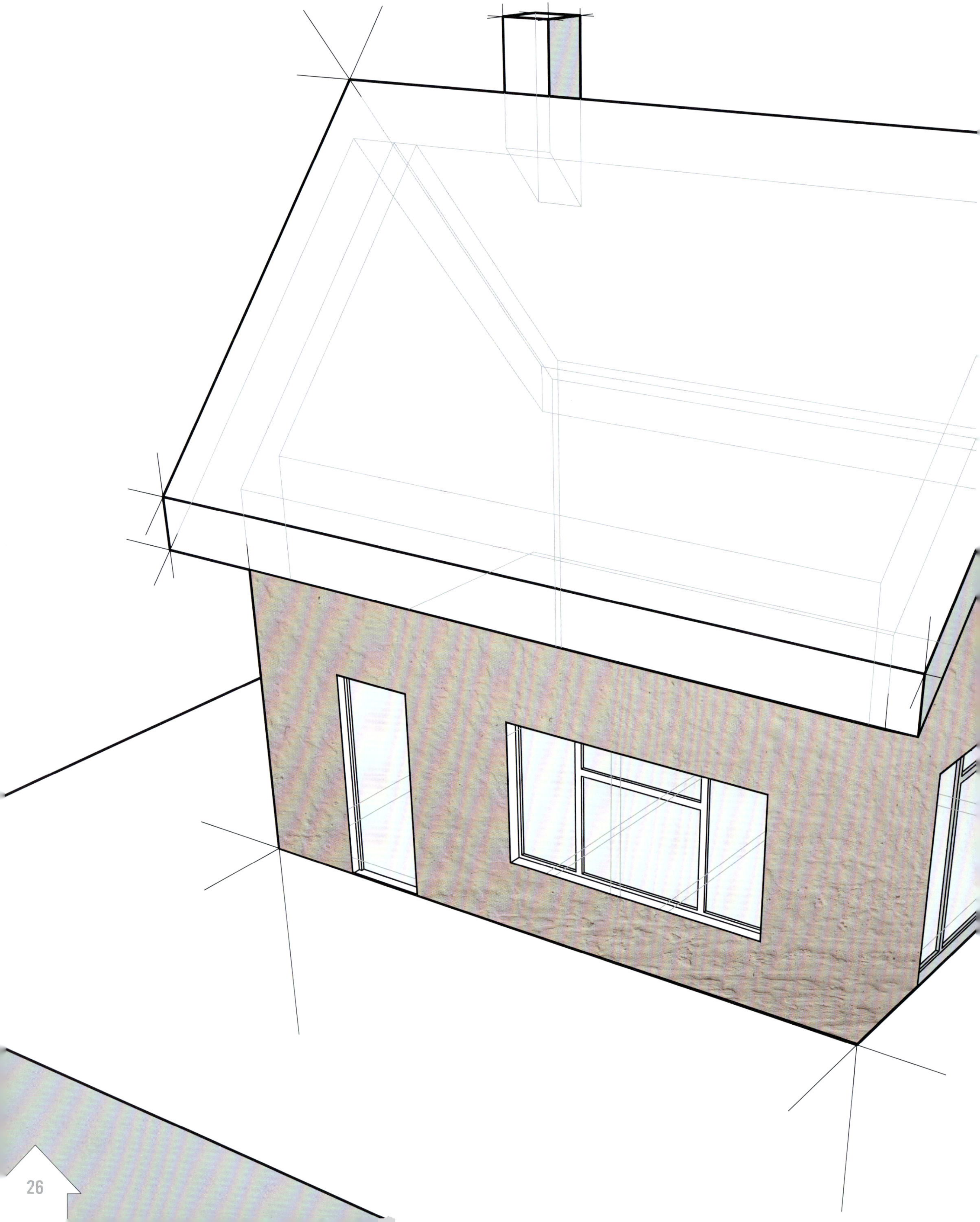

Rohbau und Fassade

Stein auf Stein vom Bauplan zum Gebäude

Mit dem Ausheben der Baugrube startet nach der Planungs- und Genehmigungsphase der praktische Teil – die Bauarbeiten beginnen und Ihr Domizil nimmt nach und nach Gestalt an. Während die Fundamente fast immer aus Beton bestehen, eröffnen sich bei den Außenwänden verschiedenste bauliche Möglichkeiten. Sie können mit Mauersteinen, aus Beton oder aus Holz errichtet werden. Außenwände müssen außer den statischen auch wichtige bauphysikalische Anforderungen erfüllen, die den Wärme-, Feuchte-, Schall- und Brandschutz betreffen. Eine große Auswahl an Dämmstoffen sorgt dafür, dass im Winter die Wärme im Haus bleibt. Die Fassade wiederum übernimmt neben ihrer Bestimmung als Wetterschutz auch optische Funktionen, denn sie repräsentiert das Haus nach außen. Als Schauseite kann sie individuell und auf vielfältige Art gestaltet werden – ob mit Putz und Farbe oder mit einer Verkleidung aus Holz, Faserzement oder anderen Materialien.

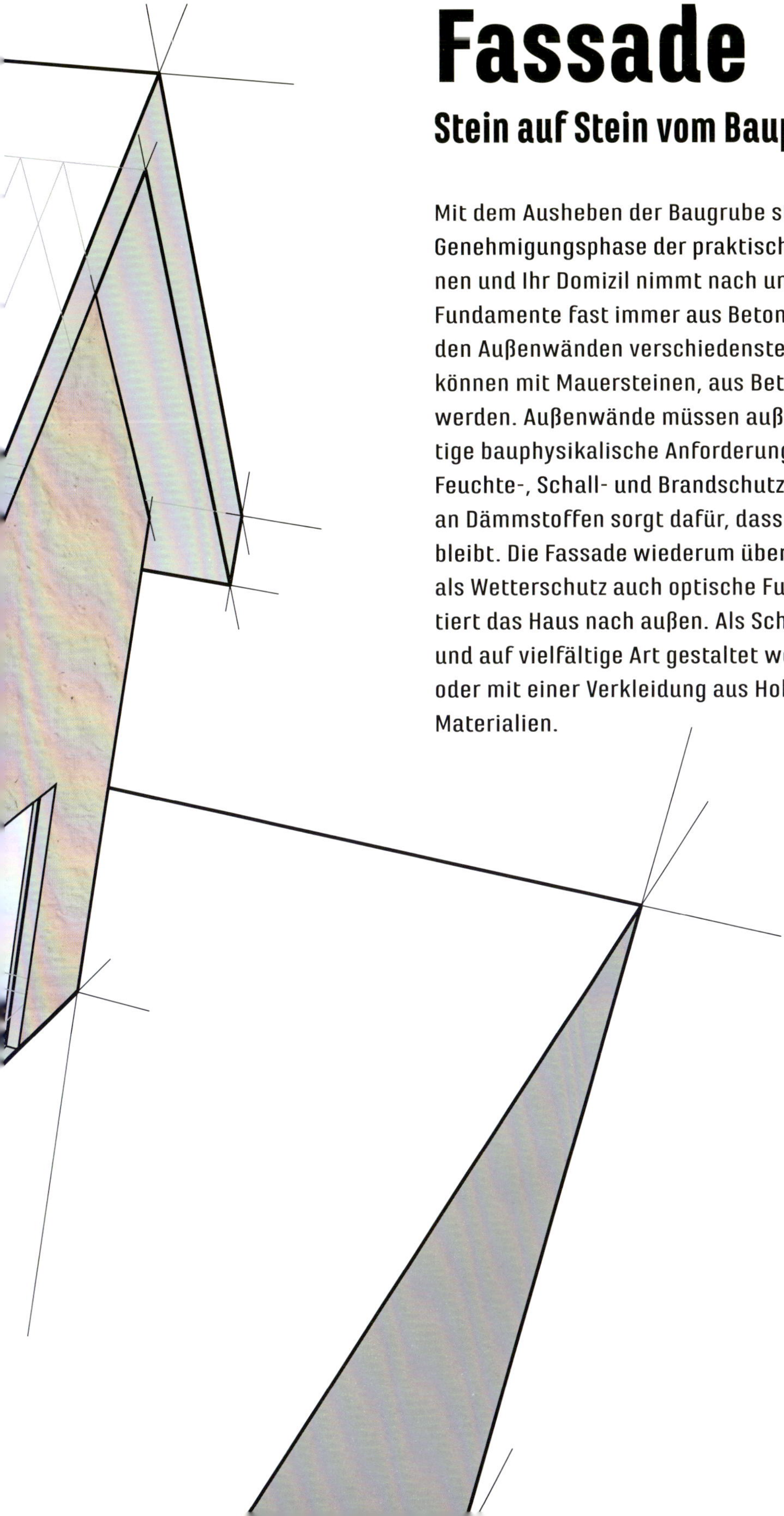

Oben: Um Risse im Beton zu vermeiden und die Tragfähigkeit zu erhöhen, müssen Stahlmatten zur Bewehrung eingelegt werden.

Rechte Seite: Mit der fertigen Bodenplatte ist das Fundament für Ihr Haus gelegt.

Die Gründung – Standfestigkeit und Sicherheit für Ihr Haus

Jeder Rohbau beginnt mit den Fundamenten, der Gründung, und zwar unabhängig davon, ob ein Keller geplant ist oder nicht. Fundamente nehmen die Lasten des Gebäudes auf, verteilen sie gleichmäßig und leiten sie ins Erdreich weiter. Dadurch können Setzungen im Erdreich aufgenommen und ein Grundbruch vermieden werden, was für die Stabilität des gesamten Bauwerks entscheidend ist. Je nach Tragfähigkeit des Bodens und der Lasten des Gebäudes kommen unterschiedliche Fundamente zum Einsatz. Sie bestehen aus Beton und ihre Oberflächen müssen immer mindestens 80 cm unter der Bodenoberkante im Erdreich eingebettet sein, damit im Winter keine Frostschäden entstehen. Man unterscheidet im Wesentlichen zwischen

- Streifenfundamenten (Lastabtragung der tragenden Wände)
- Punktfundamenten (Lastabtragung einzelner Stützen)
- Flächenfundamenten (Lastabtragung auf eine Bodenplatte und flächige Verteilung auf das Erdreich)

Baugrube und Böschungswinkel

▷ Bei der Grundstückswahl zu beachten:

Die Art der Gründung und der mögliche Böschungswinkel hängen von der Bodenqualität ab, die in verschiedene Bodenklassen eingeteilt wird. Sie geben darüber Auskunft, wie tragfähig der Grund ist und wie gut Wasser abfließen kann. Ein sandiger Boden rutscht beispielsweise leichter nach und erfordert einen flacheren Böschungswinkel als ein Kiesboden. Felsiger Untergrund erschwert die Gründung erheblich. Nicht zuletzt spielt auch der Bewuchs des Bodens, z. B. durch Bäume, eine Rolle. Beim Bau eines Kellers muss die Fläche rings ums Haus mindestens 3 m weit aufgegraben werden können. Wenn Sie nicht sicher sind, welche Qualität Ihr Baugrund hat, sollten Sie ein Bodengutachten erstellen lassen.

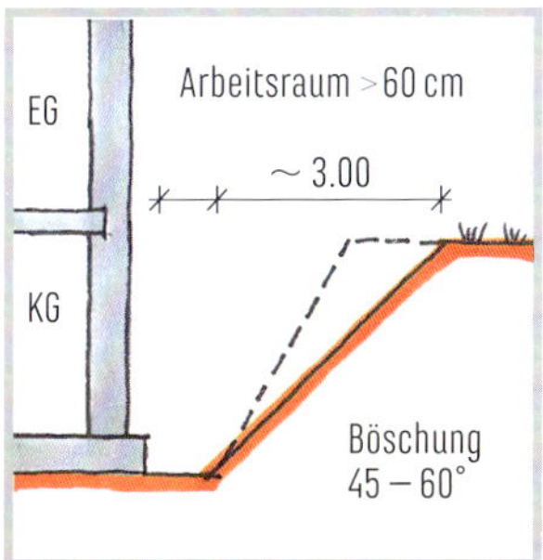

Baugrube: Böschungswinkel beträgt je nach Bodenbeschaffenheit 45–60°.

Richtfest: Rohbau und Dachstuhl sind fertig.

Die Außenwand – Wetterschutz, Wärmespeicher und Schauseite

Außenwände erfüllen mehrere wichtige Funktionen: sie können das Gewicht eines Hauses tragen, bieten den Bewohnern Sicherheit und Schutz, halten Wind, Regen, Schnee und Kälte ab, speichern Wärme und verleihen dem Gebäude nicht zuletzt Gestalt und Aussehen. Sind die Außenwände dick genug oder gut gedämmt, halten sie im Winter die Kälte ab und schützen im Sommer vor Überhitzung. Eine gute Wärmedämmung der Gebäudehülle trägt wesentlich dazu bei, Energie zu sparen, die Heizkosten zu senken und dadurch den Wert Ihrer Immobilie zu steigern.

Die Öffnungen im Mauerwerk werden mit einem tragfähigen Sturz überspannt.

Wichtige bauphysikalische Eigenschaften, die Außenwände erfüllen müssen, betreffen den

— Brandschutz
— Wärmeschutz
— Schallschutz
— Feuchteschutz

Zum Brandschutz tragen in erster Linie feuerfeste und feuerhemmende Materialien bei. Mauersteine und Beton beispielsweise sind nicht brennbar. Holz hat dagegen sehr gute Dämmeigenschaften. Vor Lärm schützen wiederum massive, kompakte Wände am besten. Beton und Kalksandstein beispielsweise bieten aufgrund ihrer hohen Dichte einen hervorragenden Schallschutz.

Noch fehlen die Fenster, erst dann kann der Innenausbau beginnen.

Bauphysikalische Anforderungen und wichtige Begriffe

Bauphysik

Beim Planen und Bauen müssen die Anforderungen an Brand-, Wärme-, Schall- und Feuchteschutz gewährleistet sein. Dabei regeln baurechtliche Vorschriften das Einhalten von Mindeststandards sowohl beim Neubau als auch bei der Sanierung. Ausnahmen im Hinblick auf den Wärmeschutz können für denkmalgeschützte Gebäude gelten. Alle Baustoffe in Deutschland müssen über eine bauaufsichtliche Zulassung verfügen, in der die entsprechenden Eigenschaften genau definiert sind.

Brandschutz

Brandschutz bei Gebäuden bedeutet, der Entstehung eines Brands vorzubeugen und die Ausbreitung von Feuer und Rauch möglichst zu verhindern. Darüber hinaus müssen geeignete Fluchtwege und Anfahrtsbereiche die Rettung von Mensch und Tier sowie die Löscharbeiten ermöglichen. Um beurteilen zu können, wie sich Baumaterialien bei einem Brand verhalten, wurden in Deutschland verschiedene Baustoffklassen nach DIN 4102 eingeführt: Klasse A (A1 und A2) bezeichnet die nicht brennbaren Baustoffe, zur Klasse B (B1 – B3) dagegen gehören die brennbaren, abgestuft nach schwer entflammbar, normal entflammbar und leicht entflammbar. Der Brandschutz für tragende Bauteile beim Einfamilienhaus ist in den jeweiligen Landesbauordnungen geregelt. Seit 2001 gibt es außerdem die Euronorm DIN EN 13501, in der die Eigenschaften der Bauteile noch genauer definiert sind.

Schallschutz

Schall kann sich entweder als Körperschall, z. B. als Trittschall über Fußböden, oder als Luftschall, wie er durch Stimmen oder Straßenlärm entsteht, ausbreiten. Schallschutz-Maßnahmen am Gebäude dienen dazu, die Schallübertragung über Wände, Böden, Dach- und Fensterflächen zu verringern oder zu verhindern. Die physikalische Größe für die Intensität der Dämmung des Luftschalls ist das Schalldämm-Maß R, das in Dezibel [dB] angegeben wird. Je höher der R-Wert, umso besser ist der Schallschutz.

Wärmeschutz

Die Anforderungen an den Wärmeschutz von Gebäuden zielen auf mehrere Aspekte: in erster Linie sollen durch eine ausreichende Dämmung Wärmeverluste vermieden werden. Folglich bleiben die Innenwandoberflächen warm, sodass ein behagliches Raumklima entsteht. Und nicht zuletzt verringert sich durch eine gute Wärmedämmung der Heizenergiebedarf deutlich. Dies spart nicht nur Kosten, sondern ist auch ein wichtiger Beitrag zum Umweltschutz. Folgende Werte sind wichtige physikalische Größen für den Wärmeschutz:

<u>Die Wärmeleitfähigkeit</u>, der sogenannte Lambda-Wert, angegeben in Watt pro Meter und Kelvin (W/mK). Er gilt für Bauteile aus einem einheitlichen Material und besagt, wie viel Energie durch ein 1 m dickes Bauteil bei einer Fläche von 1 m² und bei einem Temperaturunterschied von 1 Kelvin in 1 Sekunde fließt. Je kleiner der Lambda-Wert eines Materials, desto besser sind seine Wärmedämm-Eigenschaften. Gängige Dämmstoffe haben zum Beispiel einen Lambda-Wert von etwa 0,04 W/mK.

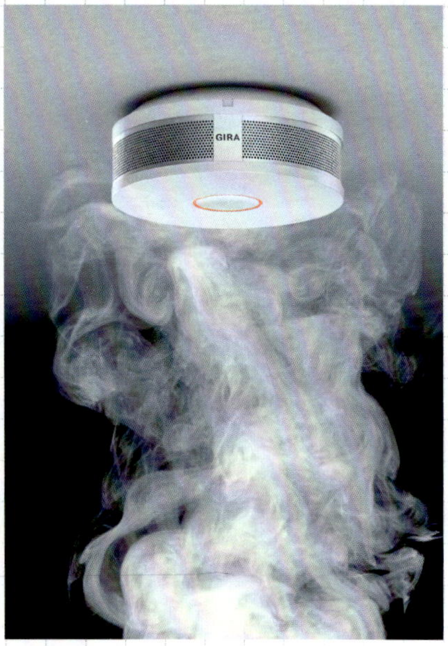

Rauchmelder warnen frühzeitig.

Die raue Oberfläche dieser Holzwolleplatten wirkt schalldämmend.

Der Wärmedurchgangskoeffizient U, der sogenannte U-Wert (W/m²K). Er gibt an, wie viel Energie durch ein Bauteil, das auch aus mehreren Schichten bestehen kann, mit einer Fläche von 1 m² pro Sekunde fließt, wenn zwischen innen und außen ein Temperaturunterschied von 1 Kelvin besteht. Je kleiner der U-Wert eines Bauteils, desto besser schirmt es Wärme und Kälte ab. Typische U-Werte von gut gedämmten Außenwänden liegen zwischen 0,20 und 0,30 W/m²K.

Vakuum-Dämmelemente werden vorgefertigt und können später nicht mehr bearbeitet werden.

Wärmeleitung

Wenn zwischen zwei Bauteilen eine Temperaturdifferenz besteht, wird Wärme von der wärmeren zur kälteren Seite transportiert. Eine gut gedämmte Außenwand verringert die Wärmeleitfähigkeit der Wand deutlich und sorgt im Winter für eine höhere Oberflächentemperatur auf der Rauminnenseite. Kalte Wandflächen empfindet man auch bei hohen Lufttemperaturen als unangenehm. Wenn die Oberfläche der Innenwand warm bleibt, kondensiert die Raumluftfeuchte nicht an der Wand, was Feuchteschäden und Schimmel vorbeugt.

Feuchteschutz

Bauteile und Dämmstoffe dürfen nicht dauerhaft Feuchtigkeit ausgesetzt sein, da sonst die Bausubstanz erheblichen Schaden nehmen kann. Während für die Durchfeuchtung von außen meist ein fehlendes oder ungeeignetes Abdichtungssystem verantwortlich ist, sind für die Durchfeuchtung von innen das Eindringen von Wasserdampf in den Wandaufbau, z. B. durch Duschen oder Kochen, sowie der Taupunkt die häufigste Ursache. Luft kann mit steigender Lufttemperatur immer mehr Wasserdampf aufnehmen. Die Temperatur, bei der die Aufnahmekapazität der Luft erreicht ist, bezeichnet man als Taupunkt. Trifft mit Wasserdampf gesättigte Luft auf eine kühlere Oberfläche, kondensiert das in der Luft enthaltene Wasser und schlägt sich als Feuchtigkeit an der kühlen Fläche nieder – eine der Voraussetzungen für Schimmelbildung. Dies geschieht bevorzugt an Wärmebrücken, das heißt an Schwachstellen der Gebäudehülle, an denen die Temperatur niedriger als an den umgebenden Flächen ist.

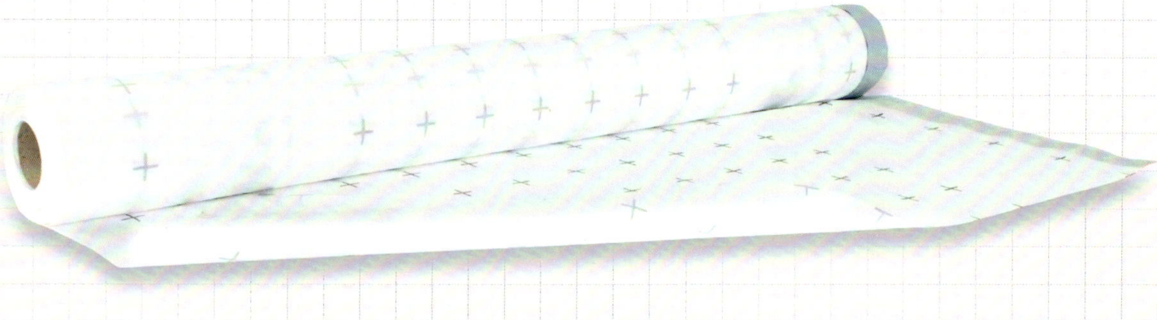

Feuchteschutzfolie mit Vlies

Aufbau der Außenwand

▷ **Einschalig und mehrschalig**
Unabhängig vom Material unterscheidet man einschalige Konstruktionen (Massivwände) und mehrschalige Wandaufbauten mit unterschiedlichen Materialien und Luftschichten (siehe auch Kapitel „Fassadenbekleidung" S. 81).

Konstruktionsarten der Außenwand

Häuser aus Mauersteinen und Beton sind äußerst robust, sie haben eine lange Lebensdauer und einen hohen Wiederverkaufswert. Massive Wände aus Mauerwerk sind zudem gute Wärmespeicher und bieten einen guten Schallschutz. Häuser aus Holz haben andere Qualitäten: Holz ist ein organischer Baustoff und lässt sich im Vergleich zu Mauersteinen gut bearbeiten. Holzbauteile lassen sich in hohem Maße vorfertigen, was die Vor-Ort-Bauzeit verkürzt. Entgegen vieler Vorurteile können Holzbauteile bei einer bestimmten Mindestdicke und -breite problemlos den aktuellen Brandschutzanforderungen voll genügen.

Mauerwerk

Ein Mauerwerk ist ein Verbund aus einzelnen Steinen, der sich für Außen- und Innenwände gleichermaßen eignet. Mauersteine bestehen aus mineralischen Stoffen, die je nach Rohdichte unterschiedliche bauphysikalische Eigenschaften aufweisen. Steine mit hoher Rohdichte (z. B. Kalksandstein) besitzen eine große Speichermasse und bieten einen guten Schallschutz, während Steine mit geringer Rohdichte, z. B. Leichtziegel, sehr gute Dämmeigenschaften haben.

Oben: Bauleitung: der Baufortschritt muss täglich überprüft werden.

Links: Außenwand aus Porenbeton.

Linke Seite: Die Baustützen sind aufgestellt, jetzt können die Gitterträgerelemente für die Betondecke aufgelegt werden.

Mauerwerksarten

Mauern lassen sich mit unterschiedlichen Steinarten, Steinformaten und Fugenausbildungen errichten – je nach gewünschter Optik und den Anforderungen an Statik und Wärmeschutz.

Einschaliges Mauerwerk ohne zusätzliche Wärmedämmung

Hierfür eignen sich Ziegel- und Mauersteine sowie Steine aus Leicht- und Porenbeton. Ohne zusätzliche Wärmedämmung muss die Wand immer außen verputzt werden, und die Wandstärke sollte je nach Anforderung zwischen 36,5 und 49,5 cm betragen.

Einschaliges Mauerwerk mit Außendämmung

Hierfür eignen sich alle Mauersteine und Beton. Die Wandstärken sind konstruktiv bedingt und liegen meist bei 24 cm. Wird die Dämmung verputzt, spricht man von einem Wärmedämm-Verbundsystem.

Zweischaliges Mauerwerk mit Kerndämmung

Ein zweischaliges Mauerwerk besteht aus einer innen liegenden Tragschicht und einer äußeren Schale, der sogenannten Verblendschale, die aus speziellen Fassadensteinen besteht. Zwischen den beiden Wandschichten liegt die Wärmedämmung. Wenn diese ohne Luftschicht den gesamten Zwischenraum ausfüllt, spricht man von Kerndämmung.

Mauerwerk mit hinterlüfteter Fassade

Ist bei einem mehrschaligen Wandaufbau eine Luftschicht zwischen Dämmung und der äußeren Verkleidung vorhanden, spricht man von einer hinterlüfteten Konstruktion. Der Vorteil besteht darin, dass eindringende Feuchtigkeit austrocknen kann. Aufgrund der hohen Anforderungen an den Wärmeschutz und den dadurch notwendigen Wandstärken benötigt die hinterlüftete Variante sehr viel Raum. Der Wandaufbau ist je nach Konstruktion 50 bis 60 cm dick.

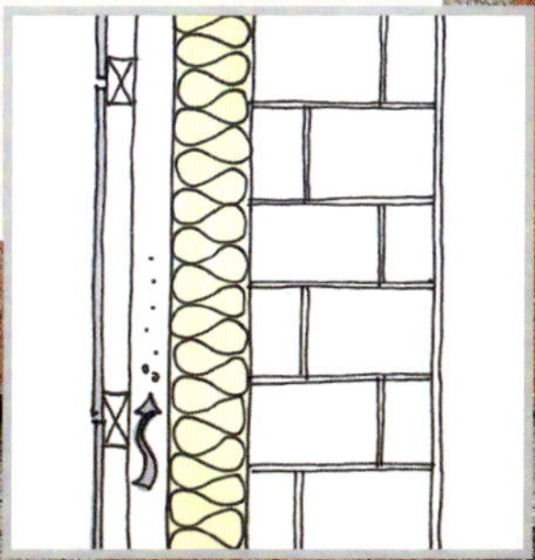

Mauerwerksmaterialien

Oben: **Vollziegel, für eine nicht tragende Innenwand.**

Unten: **Ziegel sind der Klassiker unter den Baumaterialien.**

Ziegel

Ziegelsteine werden schon seit vielen Jahrhunderten als Bausteine verwendet. Ein Ziegel besteht aus Lehm oder Ton. Lehmziegel werden luftgetrocknet und vor allem zur Ausfachung von Holzständerwänden verwendet. Tonziegel werden hingegen bei etwa 1000 °C gebrannt und in Form von Vollziegeln und Lochziegeln hergestellt.

Vollziegel sind schwerer als Lochziegel und kommen meist als Fassadensteine, auch Klinker genannt, zum Einsatz. Klinker werden im Gegensatz zu tragenden Mauersteinen bei höheren Temperaturen gebrannt, sodass sich die Poren schließen und die Steine frostbeständig werden. Sie haben dafür keine guten Wärmedämmeigenschaften.

Lochziegel sind leichter als Vollziegel und liegen besser auf, wobei die Löcher senkrecht (Hochlochziegel) oder waagrecht (Langlochziegel) zur Auf-

lagefläche angeordnet sein können. Bei Lochziegeln unterscheidet man zwischen den klassischen Blockziegeln und den etwas teureren Planziegeln. Diese sind, wie ihr Name besagt, auf der Ober- und Unterseite glatt geschliffen und werden aufeinander geklebt, was eine Verlegung im Mörtelbett überflüssig macht und die Arbeitszeit beim Mauerbau verkürzt. Seitlich werden Planziegel über ein Nut-und-Feder-System miteinander verzahnt.

Eine Sonderform stellen Wärmedämmziegel dar, die verfüllt und unverfüllt angeboten werden. Bei der unverfüllten Variante werden dem Ton Zusatzstoffe, wie Sägemehl, beigemischt, die vollständig verbrennen. Dadurch bilden sich im Ziegel luftgefüllte Hohlräume, die für einen hervorragenden Wärmeschutz sorgen. Bei verfüllten Wärmedämmziegeln sind die Hohlräume z. B. mit Perlit, einem Material vulkanischen Ursprungs, oder mit Mineralwolle aufgefüllt. Wände aus Wärmedämmziegeln erfüllen bereits bei einer Wandstärke von 36,5 cm die aktuellen Anforderungen der EnEV, sodass keine zusätzliche Dämmschicht erforderlich ist.

Ziegelsteine in edler Optik

Ziegelsteine lassen sich vielseitig einsetzen: sie eignen sich nicht nur für Innen- und Außenwände, sondern auch gut für Sichtmauerwerk. Dafür werden sie in unterschiedlichen Formaten, Oberflächen und Ausführungen hergestellt. Manche Firmen bieten für die individuelle Fassadengestaltung edle handgefertigte oder kohlegebrannte Ziegelsteine in unterschiedlichen Farbtönen sowie Formstücke für Fensterbänke und Gebäudekanten an.

Oben: Im Mauerwerksbau wird das sogenannte Baurichtmaß von 12,5 cm als Raster zugrunde gelegt.

Lochziegelarten im Überblick

Blockziegel

— Klassischer Ziegelstein, in vielen Formaten erhältlich
— Preiswerter als Planziegel
— Für Innen- und Außenwände geeignet

Planziegel unverfüllt

— Auf Ober- und Unterseite glatt geschliffen
— Stoßfugen bleiben trocken, seitliche Verzahnung erfolgt durch Nut und Feder
— Nur in die Lagerfugen wird Dünnbettmörtel aufgebracht, dadurch werden Wärmebrücken auf ein Minimum reduziert
— Minimale Trocknungszeiten
— Verarbeitungszeit kürzer als beim Blockziegel
— Für alle Wände geeignet
— Höhere Tragfähigkeit als bei Blockziegeln
— Homogener Untergrund — durch das Fehlen einer Mörtelfuge kann die Wand leichter verputzt werden.
— aufwändige und sehr feine Wabenstruktur mit kleinen Kammern, damit die Luft nicht zirkuliert.
— Hervorragende Dämmwirkung
— Für einschalige Wände, keine zusätzliche Wärmedämmung erforderlich

Planziegel verfüllt (Wärmedämmziegel)

— Wärmedämmung liegt geschützt innerhalb des Ziegelsteins
— Erhältlich in zwei Varianten: mit Perlit oder Mineralwolle gefüllt.

Blockziegel

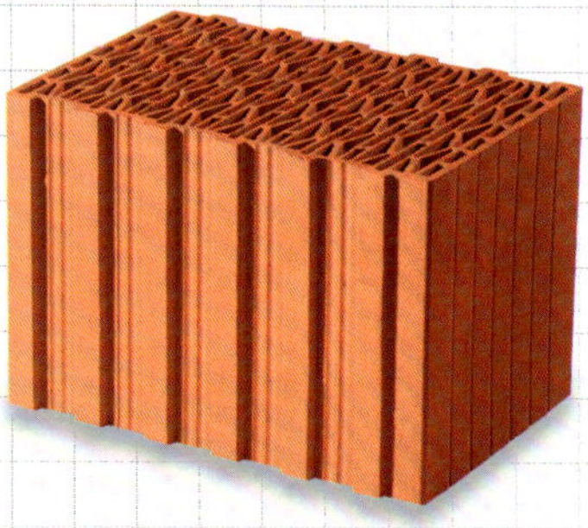

Planziegel unverfüllt

Wärmedämmziegel (verfüllt mit Perlit)

Wärmedämmziegel (verfüllt mit Mineralwolle)

Eigenschaften von Porenbeton:

- Großformatiger Stein, dadurch kürzere Verarbeitungszeit als mit kleineren Mauersteinen
- Besteht zu 80 % aus Luft, daher geringes Gewicht
- Hervorragende Wärmedämmung
- Einfach zu verarbeiten, daher auch für Umbauten geeignet
- Keine zusätzliche Wärmedämmung erforderlich
- Für Innen- und Außenwände geeignet

Porenbetonsteine sind sehr leicht und lassen sich durch die Aussparungen gut anpacken.

Porenbeton

Der auch unter den Begriffen „Gasbeton" oder „Ytong" bekannte Stein hat durch seine vielen Luftporen ein geringes Gewicht und lässt sich, bedingt durch die poröse Struktur, sehr leicht zuschneiden. Porenbeton besteht aus Kalk, Zement, mehlfein gemahlenem Quarzsand, Wasser und porenbildenden Zuschlagstoffen. Porenbeton ist, auch wenn der Name dies nahelegen würde, keine Betonart, da er keine Gesteinskörnung enthält. Porenbetonsteine werden in großen Formaten hergestellt, wodurch sich eine Wand schneller aufbauen lässt als mit Ziegeln. Da diese Steine durch die Lufteinschlüsse sehr gut dämmen, ist keine zusätzliche Wärmedämmung erforderlich. Die Wand muss allerdings verputzt werden. Als Sichtmauerwerk eignet sich Porenbeton nicht.

Porenbeton wirkt durch die Lufteinschlüsse ausgesprochen wärmedämmend.

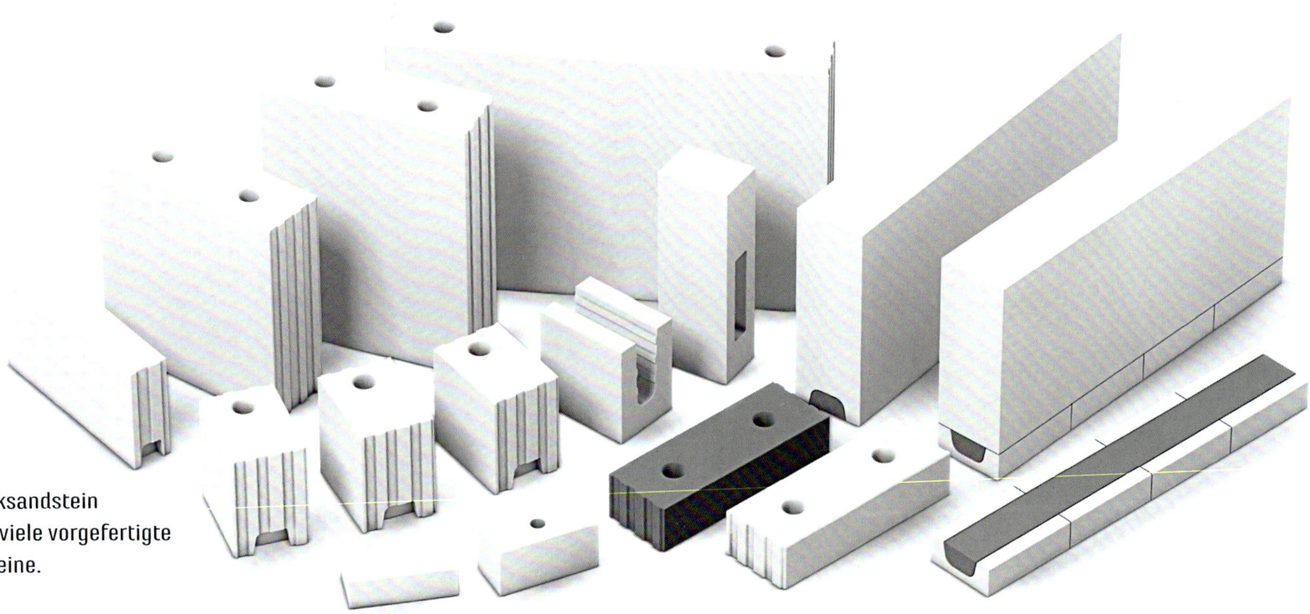

Für Kalksandstein gibt es viele vorgefertigte Formsteine.

Kalksandstein als Hitzeschutz

Kalksandstein ist ein schwerer Baustoff, der aufgrund seiner hohen Rohdichte Wärme gut speichern kann, diese jedoch ohne Dämmung rasch weiterleitet. Bei guter Außendämmung jedoch nimmt Kalksandstein überschüssige Wärme aus dem Raum auf, speichert sie über eine längere Zeit und gibt sie bei sinkender Raumtemperatur wieder ab. Daher bleiben die Räume während besonders heißer Tage angenehm kühl.

Kalksandstein

Kalksandstein ist ein gepresster und unter Hitze sowie hohem Druck industriell hergestellter Stein, der aus Kalk, Quarzsand, Wasser und Bindemitteln besteht. Aufgrund seiner hohen Rohdichte bietet er guten Schallschutz, jedoch relativ geringen Wärmeschutz, sodass meist eine zusätzliche Wärmedämmung erforderlich ist. Wegen seiner ansprechenden Optik und robusten Oberfläche eignet sich Kalksandstein sehr gut als Sichtmauerwerk. In diesem Fall wird die Außenwand zweischalig aufgebaut und die Wärmedämmung zwischen den Mauerschalen angebracht.

Mauerwerk aus Kalksandstein ist massiv und besonders schalldämmend.

Eigenschaften von Kalksandstein:

- Hohe Druckfestigkeit
- Hervorragender Schallschutz
- Zusätzliche Wärmedämmung nötig
- Ansprechende Optik, Stein gibt es auch als frostwiderstandsfähigen Verblender für Sichtmauerwerk
- Für Innen- und Außenwände geeignet

Mörtel und Kleber

Mörtel sorgt im Mauerwerk für den sicheren Verbund zwischen den Steinen und gleicht Unebenheiten in den Lagerfugen aus. Bei Sichtmauerwerk kann er auch gestalterische Funktionen erfüllen. Mörtel wird aus Sand, Wasser, Bindemitteln, wie Zement und Kalk, sowie Zusatzstoffen gemischt und in unterschiedlichen Festigkeitsstufen hergestellt. Er kann je nach Zusatz auch wärmedämmende Eigenschaften haben.

Für den Verbund glatter Ziegelsteine eignen sich anstatt Mörtel auch Schaumkleber. Das Mauerwerk ist homogener und lässt sich wegen der glatten Oberfläche auch leicht verputzen. Die nur minimalen Fugen stellen im Vergleich zu Mörtelfugen so gut wie keine Wärmebrücken dar.

Kalkzementmörtel

Der Kalkzementmörtel, ein Gemisch aus reinem Kalk- und reinem Zementmörtel, vereint die Vorteile beider Mörtelarten und eignet sich daher als Universalmörtel für fast alle Mauerarten, jedoch nicht für hochdämmendes Mauerwerk. Während reiner Zementmörtel sehr druckfest und frostsicher ist und daher für Keller- und Sockelbereiche eingesetzt wird, weist reiner Kalkmörtel nur eine geringe Tragkraft auf und wird deshalb seltener für Mauerwerk verwendet. Da er sich jedoch sehr leicht verarbeiten lässt und feuchtigkeitsregulierend wirkt, kommt er häufig in Form von Kalkputz zum Einsatz.

Mauern einer Innenwand

Links und rechts: Hochwärmedämmende Ziegel werden nicht mehr gemörtelt, sondern geklebt.

Für kleinere Mengen werden Mörtel und Beton im Mischer angerührt.

Beton

Beton besteht aus Zement und Wasser und enthält je nach Anforderung Beimischungen von Sand oder Kies. Er ist sehr robust und bietet darüber hinaus einen guten Schall- und Brandschutz. Beton wird in flüssiger Form in eine Schalung gegossen und härtet anschließend aus. Dadurch sind fast alle denkbaren Bauformen möglich.

Betonarten im Überblick

Je nach Anwendung kann die Zusammensetzung von Beton variiert werden, wodurch sich dessen Eigenschaften entsprechend ändern. Die gebräuchlichsten Varianten sind Leichtbeton, Stahlbeton, faserbewehrter Beton und Sichtbeton. Darüber hinaus finden sich auch moderne Betonarten, wie Lichtbeton.

Leichtbeton

Leichtbeton zeichnet sich durch eine geringere Rohdichte als Normalbeton aus und hat somit deutlich bessere wärmedämmende Eigenschaften.

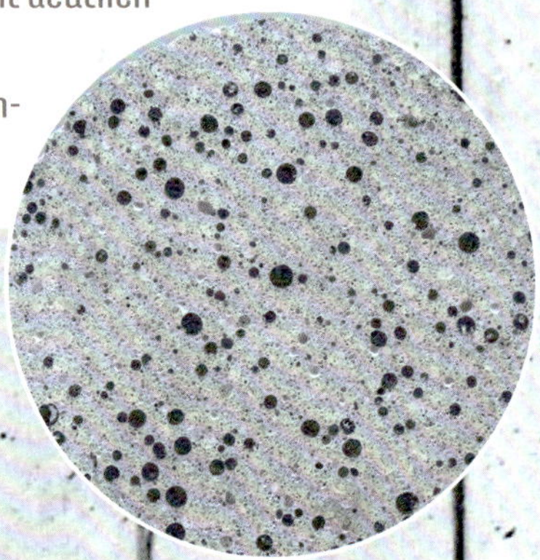

Faserbewehrter Beton

Anstelle von Stahl werden Glasfasern zur Bewehrung in den Beton eingelegt. Diese Variante ist leichter und benötigt nur eine dünnere Überdeckung als Stahlbeton, weil Glasfasern nicht rosten.

Stahlbeton

Da Beton zwar enorm druckfest, aber nur bedingt zugfest ist, werden bei zugbelasteten Bauteilen mit großen Spannweiten, wie Geschossdecken, Stahlmatten zur Verstärkung eingelegt.

Sichtbeton

Häufig sollen Betonflächen aus gestalterischen Gründen sichtbar bleiben, also nicht verputzt und nicht verkleidet werden. Für Sichtbetonflächen gelten je nach gewünschter Oberflächenoptik besondere Anforderungen an Körnung und Farbe des verwendeten Gesteins.

Lichtbeton

Eine Besonderheit stellt Lichtbeton dar. Gleichmäßig in den Beton integrierte lichtleitende Fasern sorgen für eine gewisse Lichtdurchlässigkeit und lassen die Betonoberfläche leicht und transparent wirken. Lichtbeton wird in erster Linie für Fassaden und im Innenausbau verwendet.

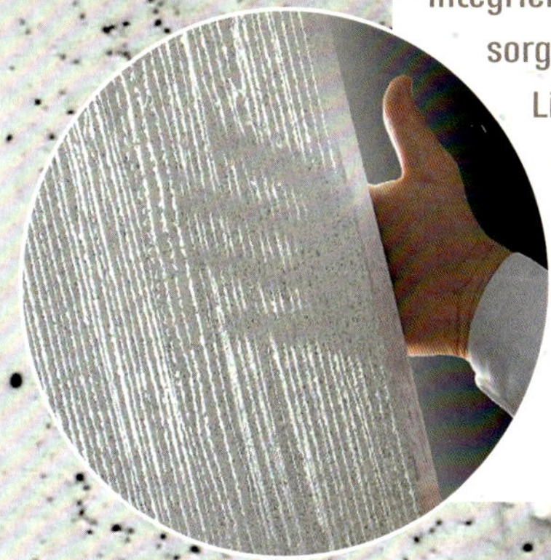

Verwendung und Verarbeitung von Beton

Da Beton im Gegensatz zu Mauersteinen flüssig verarbeitet und dazu frisch angemischt wird, muss er sofort in die zuvor errichtete Schalung gegossen werden. Dadurch ist die Koordination der Abläufe auf der Baustelle komplizierter als bei einem Mauerwerksbau und die Kosten eines Betonbaus liegen entsprechend höher.

Bei einem Keller muss die Bodenplatte betoniert werden. Die Wände können jedoch alternativ auch gemauert werden, wenn kein erhöhter Erd- oder Wasserdruck vorhanden ist. Das ist preiswerter als ein rundum betonierter Keller.

Mit Beton lassen sich jedoch nicht nur Mauersteine herstellen, sondern auch zahlreiche Halbfertigteile und Fertigteile, z. B. Wandelemente, Treppen, Kellerschächte und Formstücke aller Art. Gitterträgerdecken beispielsweise sind Halbfertigteile aus bewehrtem Stahlbeton, die nach der Montage mit einer frischen Betonschicht vergossen werden. So spart man sich die Schalung und erhält eine glatte Untersicht der Decke, die nur noch gespachtelt werden muss.

Holz

Holz wird seit Jahrtausenden zum Bauen verwendet und ist als nachwachsender Rohstoff und natürlicher CO_2-Speicher äußerst umweltfreundlich. Es lässt sich einfach bearbeiten, hat eine warme und angenehm anzufassende Oberfläche, riecht gut und sieht durch die unterschiedliche Maserung natürlich und lebendig aus. Als Baumaterial ist Holz leicht und gleichzeitig sehr stabil, hat gute Wärmedämmeigenschaften und lässt sich problemlos mit allen anderen Baustoffen kombinieren.

Die Möglichkeit, Holzbauteile wie Wände, Geschossdecken oder Dächer vorzufertigen, beschleunigt das Errichten eines Hauses vor Ort enorm und beugt Ausführungsfehlern vor. Als Naturmaterial ist Holz von Haus aus feucht und „arbeitet", das heißt es schwindet und quillt je nach Luftfeuchtigkeit der Umgebung. Deshalb muss frisch geschnittenes Holz vor der Verarbeitung sorgfältig getrocknet werden und darf nur eine maximale Restfeuchte von 18 % aufweisen.

Um das Schwinden und Quellen zu begrenzen oder ganz zu unterbinden und um die Robustheit sowie die mögliche Spannweite zu erhöhen, werden häufig mehrere Holzlagen miteinander zu einem biegesteifen Element verleimt oder gepresste Holzspäne mit Leim zu stabilen Platten verarbeitet.

Holz als umweltfreundlicher Baustoff

Holz ist ein nachwachsender, umweltfreundlicher Baustoff. Trotzdem sollten Sie auf seine Herkunft achten. Holz aus Urwäldern, ob solchen in Sibirien oder im tropischen Regenwald, sollte nicht verbaut werden. Verschiedene Zertifizierungen, wie das PECF- oder FSC-Siegel, garantieren, dass das verwendete Holz aus nachhaltigem Anbau stammt.

Typische Werkstoffe aus Holz

Leimbinder
- Mehrere Lagen in gleicher Faserrichtung miteinander verbundener Hölzer
- Geeignet für Balken mit großen Spannweiten

Brettstapel-Elemente
- Mehrere zu einer Platte verleimte, vernagelte oder verdübelte Bretter
- Geeignet für Wand-, Decken- und Dachbauteile

Brettsperrholz
- Mehrere Lagen kreuzweise verklebter Holzplatten
- Geeignet für Wand-, Decken- und Dachbauteile

Hohlkastenelemente
- Zwei durch rasterförmige Stege miteinander verbundene Holzplatten
- Geeignet als Decken- und Dachbauteile

OSB-Platten
- Aus groben Spänen hergestellte Span- oder Faserplatten
- Vorwiegend zur Verkleidung im Innenausbau geeignet

Beim Holzrahmenbau werden die fertigen Wände samt Fensteröffnungen angeliefert und auf der Baustelle zusammengesetzt.

Übliche Holzkonstruktionen für Wohnhäuser

Holzmassivbau

Beim Holzmassivbau, der einst aus dem Blockbau entstanden ist, werden mehrere Schichten Holz kreuzweise zu Platten miteinander verleimt, was das natürliche Quellen und Schwinden des Holzes verhindert. Anschließend werden die Öffnungen für Fenster herausgefräst. Die so vorgefertigten Wand- oder Deckenelemente werden auf der Baustelle zusammengesetzt und dann außen mit einer Wärmedämmung versehen – entweder in Kombination mit einer Verschalung der Fassade oder in Form eines Wärmedämm-Verbundsystems.

Oben 1+2: Die Vorfertigung der Bauteile ermöglicht eine äußerst kurze Bauzeit vor Ort.

Rechts: Mehrschichtplatten sind besonders formstabil, weil das Schwinden und Quellen des Holzes weitgehend unterbunden wird.

Holzrahmenbau

Hier bildet ein Holzrahmen, bestehend aus senkrechten Pfosten und Querriegeln, die Tragkonstruktion. Beidseits montierte Platten steifen den Rahmen aus, die Zwischenräume werden mit Dämmstoff gefüllt. An der Außenseite kann je nach energetischer Anforderung eine zusätzliche Dämmschicht sowie die Fassade oder nur eine vorgehängte Fassade angebracht werden. Eine zusätzliche Wandscheibe an der Innenseite dient als Installationsebene, der Zwischenraum bietet Platz für notwendige Leitungen.

In ein bis drei Tagen steht der „Rohbau" samt Innenwänden.

Auf die Holzkonstruktion wird die zweite Fassadenhaut montiert.

Dämmung der Außenwand

Bis zu 35 % der Wärmeverluste eines Hauses entstehen durch unzureichend gedämmte Außenwände. Davon sind vor allem Altbauten betroffen, die vor 1978 errichtet wurden und die zwei Drittel des Gebäudebestands in Deutschland ausmachen. Im Jahr 2002 wurde die bis dahin gültige Wärmeschutzverordnung durch die Energieeinsparverordnung (EnEV) abgelöst, die Anforderungen an den Mindestwärmeschutz von Gebäuden und den Betrieb von haustechnischen Anlagen stellt – beim Neubau wie bei der Sanierung von Altbauten. Ziel ist es, den Energiebedarf von Gebäuden zu senken, den CO_2-Ausstoß zu reduzieren und das Klima zu schützen.

Bauherren und Besitzer eines Altbaus profitieren von einer effektiven Wärmedämmung auch in finanzieller Hinsicht, denn sie können durch einen deutlich reduzierten Energieverbrauch ihres Hauses die Heizkostenrechnung senken und gleichzeitig den Wiederverkaufswert des Hauses erhöhen. Darüber hinaus herrscht in einem gut gedämmten Haus ein gesundes Raumklima, was den Wohnkomfort erheblich steigert.

Arten der Fassadendämmung

Grundsätzlich unterscheidet man zwischen Außen- und Innendämmung, bei der Außendämmung außerdem zwischen einer kompakten und einer hinterlüfteten Ausführung. Am effektivsten ist immer die Außendämmung, eine Innendämmung ist dagegen bauphysikalisch problematisch und mit Risiken verbunden.

Typische Wärmebrücken im Altbau

- Sockelanschluss zu unbeheiztem Keller
- Anschluss Fensterrahmen-Wand
- Fenstersturz
- Durchlaufende Balkonplatte
- Anschluss Giebelwand-Dach
- Stützen in der Außenwand
- Heizkörpernischen
- Rollladenkästen

Hinterlüfteter Fassadenaufbau

Zunächst werden horizontale Holzlatten oder Metallprofile an der Außenwand befestigt und die Zwischenräume mit Dämmstoff gefüllt. Vertikal darauf montierte Streben dienen als Unterkonstruktion für die eigentliche Fassade und als Abstandhalter, denn sie sorgen für einen mit Luft gefüllten Zwischenraum zwischen Wärmedämmung und Außenhaut. Diese Luftschicht muss mit der Außenluft in Verbindung stehen. Als Fassadenmaterial eigen sich unzählige Baustoffe, wie Holz, Plattenwerkstoffe, Naturstein, Keramik, Glas, Putz und vieles mehr. Eine hinterlüftete Außendämmung ist bauphysikalisch ideal, da zwischen Wärmedämmung und Außenhaut eventuell eindringende Feuchtigkeit abtrocknen kann, wodurch ein Feuchtestau und damit sich ergebende Bauschäden vermieden werden können.

Wärmedämm-Verbundsystem (WDVS)

Ein Wärmedämm-Verbundsystem (WDVS) besteht aus Dämmplatten, die an die Außenwand geklebt und gedübelt werden. Auf die Platten wird ein sogenannter Armierungsputz aufgetragen, in den zur Verstärkung Glasfasergewebe eingelegt ist. Darauf folgen Oberputz und Farbanstrich. Mit diesem System wird die Fassade ringsum lückenlos eingehüllt und somit vor Wärmeverlusten wirkungsvoll geschützt. Diese Art der Dämmung sollte nur vom Fachmann angebracht werden, da selbst kleinste Risse, Lücken oder sonstige Fehler vermieden werden müssen. Andernfalls kann Feuchtigkeit in die Dämmschicht eindringen, was zu Bauschäden führen würde. Üblicherweise sind alle Komponenten eines WDVS aufeinander abgestimmt und geprüft. Daher ist es wichtig, nur die zum jeweiligen System gehörenden Komponenten zu verwenden. Als Dämmstoff kommt aus Preisgründen häufig Polystyrol zum Einsatz. Es eignen sich z. B. auch Mineralwolle und Holzfasern – und das aufgrund ihrer Eigenschaften manchmal sogar besser. Darüber hinaus sollten Sie nach Möglichkeit Oberputze verwenden, die Feuchtigkeit aufnehmen können, denn sie beugen Algenbefall vor. Fungizidhaltige Putze eignen sich hingegen weniger, denn die Substanzen waschen sich nach ein bis zwei Jahren aus und belasten dann das Grundwasser. Ein häufiges Problem stellen Spechte dar. Sie klopfen gerne kreisrunde Löcher in Fassaden mit Wärmedämm-Verbundsystem, was übrigens nichts mit Nahrungssuche zu tun hat, sondern mit Balzverhalten. Das Klopfgeräusch stellt ganz einfach einen Wohlklang für Spechte dar.

Oben: **Beim Wärmedämm-Verbundsystem werden die Dämmplatten direkt auf die Fassade geklebt.**

Unten: **Innendämmung: Die Dämmplatten müssen lückenlos passen und dürfen keine Wärmebrücken aufweisen.**

Innendämmung

Die Innendämmung der Wände sollten Sie nur dann in Betracht ziehen, wenn eine Außendämmung nicht möglich ist, z. B. bei denkmalgeschützten Fassaden. Auch bei Eigentumswohnungen kann eine Innendämmung sinnvoll sein, wenn nicht alle Eigentümer mit einer kompletten Außendämmung einverstanden sind. Innendämmungen sind problematisch, weil Innenwände nie an allen Stellen mit einer Dämmung versehen werden können. Dämmlücken ergeben sich beispielsweise an Raumtrennwänden, die an die Fassade reichen, oder im Bereich der Decken, die auf den Außenwänden aufliegen. Außerdem verändert sich durch das Anbringen einer Innendämmung das bauphysikalische Verhalten der Wand, denn die Außenwand wird weniger erwärmt und dadurch verschiebt sich der Taupunkt, was die Gefahr von Feuchteschäden erhöht. Deshalb müssen Innendämmungen bauphysikalisch geprüft und berechnet werden. Besonders kritisch ist die Kombination einer bestehenden Holzbalkendecke mit einer Innendämmung, da ein Feuchteausfall an den Balkenköpfen zu großen Bauschäden führen kann. Eine Innendämmung sollte nur von einem Fachmann geplant und angebracht werden.

Dämmstoffe und ihre Eigenschaften

Gängige Dämmstoffe:

Pflanzliche Dämmstoffe
- ▷ Holzwolle
- ▷ Zellulose
- ▷ Hanf
- ▷ Flachs
- ▷ Holzfaser
- ▷ Stroh

Tierische Dämmstoffe
- ▷ Schafwolle

Mineralisch-synthetische Dämmstoffe
- ▷ Mineralwolle

Synthetische Dämmstoffe
- ▷ Polystyrol
- ▷ Polyurethan

Natürliche, mineralische und synthetische Dämmstoffe haben jeweils unterschiedliche Eigenschaften und Vorzüge. Natürliche Dämmstoffe, wie Schafwolle, Holzfasern oder Hanf, um nur einige zu nennen, haben meist nicht ganz so gute Dämmwerte. Im Sommer puffern sie jedoch effektiv die Hitze ab, weil sie Wärme zeitverzögert weiterleiten. Auch Stroh eignet sich gut zum Dämmen, wenn die Strohballen eine Dichte von 90 bis 110 kg/m³ aufweisen. Dieses sogenannte Baustroh wird vor allem für die Ausfachung von Holzständerbauten verwendet (s. Bild rechts).

Mineralische Dämmstoffe, wie Mineralwolle, Glaswolle und Steinwolle, sind sehr langlebig und verrottungsfest, während synthetische Dämmstoffe, wie Polystyrol und Polyurethan, zusätzlich eine hohe Druckfestigkeit aufweisen und unempfindlich gegen Feuchtigkeit sind. (Zum Vergleich der einzelnen Dämmstoffe siehe auch die Dämmstofftabelle auf den Seiten 58 und 59.)

Art und Dicke der Dämmung hängen in erster Linie von den Eigenschaften des Untergrunds ab. Holz z. B. leitet Wärme wesentlich schlechter als Beton und bietet daher bereits eine ganz gute Grunddämmwirkung, während es bei einem Mauerwerk auf die jeweilige Art des Steins ankommt. Ein Maß für die Dämmwirkung eines jeden Materials ist die Wärmeleitfähigkeit, der sogenannte Lambda-Wert (gesprochen „Lamda", näheres zu diesem Wert siehe Seite 34). Je kleiner der Lambda-Wert, desto besser ist die Dämmwirkung eines Materials. Ist eine bestimmte Dämmwirkung erwünscht, entscheidet der Lambda-Wert des betreffenden Materials über dessen erforderliche Dicke. Welche Dämmung sich am besten für eine Außenwand eignet, lässt sich daher nicht pauschal beantworten, denn Wandkonstruktion und Dämmstoff müssen immer aufeinander abgestimmt sein.

Steinwolle

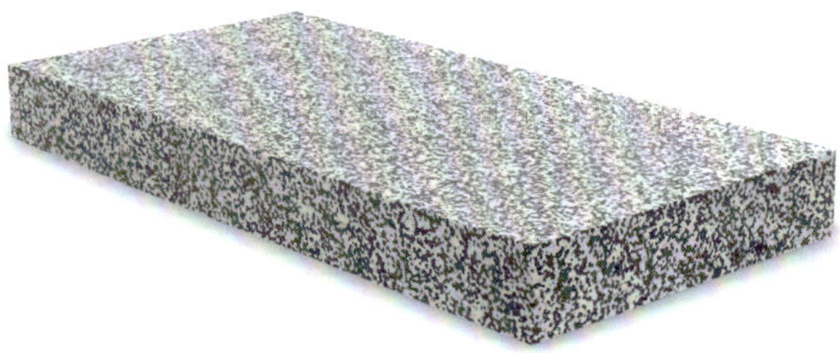

EPS-Hartschaumplatte aus Polystyrol

Öko-Dämmstoffe im Überblick

Flachs

Wird aus den Stängeln der Flachspflanze hergestellt. Ist feuchtigkeitsregulierend, sorgt für sehr gutes Raumklima und ist leicht zu verarbeiten.

Hanf

Wird aus Fasern und Stroh der Hanfpflanze hergestellt. Sehr gute Dämmeigenschaften, wirkt feuchtigkeitsregulierend und ist in Form von Matten oder Wolle und lose zum Einblasen erhältlich.

Holzfaserplatte

Wird aus entrindetem und zerriebenem Restholz hergestellt. Speichert sehr gut Wärme, gibt sie zeitverzögert wieder ab und schützt so die Räume vor Überhitzung. Wirkt feuchtigkeitsregulierend.

Schafwolle

Kann sehr viel Feuchtigkeit aufnehmen und Schadstoffe aus der Luft filtern. Ausgezeichnete Dämmwirkung. Absorbiert Gerüche, ist geruchsneutral und sehr leicht zu verarbeiten.

Zellulose

Wird aus Altpapier hergestellt. Sehr gute Wärme- und Schalldämmung. Wirkt feuchtigkeitsregulierend.

Die wichtigsten Dämmstoffe im Überblick

	Rohdichte (kg / m³)	Brandschutzklasse	Wärmeleitfähigkeit
Pflanzliche Dämmstoffe			
▷ Flachs	30–50	B2	0,040–0,050
▷ Hanf	20–40	B2	0,040–0,060
▷ Holzfaserplatten	150–270	B1/B2	0,040–0,060
▷ Holzwolle Leichtbauplatten	360–600	B1/B2	0,075–0,150
▷ Kokosfasern	75–125	B2	0,045–0,055
▷ Korkplatte	190–200	B2	0,045–0,065
▷ Stroh und Schilfrohr	2	B2	0,090–0,150
▷ Zelluloseflocken	1–2	B2	0,040–0,045
Tierische Dämmstoffe			
▷ Schafwolle		B2	0,040–0,045
Mineralisch-synthetische Dämmstoffe			
▷ Blähglas	120–400	A1	0,060–0,070
▷ Blähglimmer	70–220	A1	0,07
▷ Blähton	300–800	A1	0,080–0,200
▷ Kalziumsilikat	100–120	A1/A2	0,050–0,070
▷ Mineralschaum	5	A1	0,045
▷ Perlite	90– 300	A1	0,045–0,100
▷ Schaumglas	100–165	A1/A2	0,040–0,055
▷ Glas- und Steinwolle	10–400	A1/A2/B1	0,032–0,040
Synthetische Dämmstoffe			
▷ Polyesterfaser	15–20	B1	0,035–0,045
▷ Polystyrol EPS 15 – 40	15–40	B1/B2	0,032–0,040
▷ Polystyrol XPS	28–45	B1/B2	0,035–0,040
▷ Polyurethan PUR	20–80	B1/B2	0,020–0,040
▷ Resol-Hartschaum	> 35	B1/B2	0,022–0,025
▷ Vakuumplatten	ca. 200	A	0,005–0,008

Eigenschaften und Anwendung
diffusionsoffen, heimischer Anbau, gute Ökobilanz, flexibel, Dachdämmung
diffusionsoffen, heimischer Anbau und gute Ökobilanz, flexibel, Dachdämmung
diffusionsoffen, gute Ökobilanz, guter Hitzeschutz, Dachdämmung
diffusionsoffen, guter Schallschutz
diffusionsoffen, guter Schallschutz
diffusionsoffen, verrottungs- und fäulnisfest, Trittschalldämmung, elastisch
gute Ökobilanz
diffusionsoffen, gute Ökobilanz, guter Hitzeschutz, wird mechanisch eingeblasen
diffusionsoffen, bindet Schadstoffe aus der Luft
hohe Festigkeit, gute Schallabsorption, Zuschlagsstoff für z. B. Beton, Ausgleichsschüttung
Ausgleichsschüttung unter Bodenbelägen gut geeignet
hitze-, witterungs- und druckbeständig, Zuschlagsstoff für z. B. Beton, geringes Gewicht
formstabil, spröde, diffusionsoffen, gute Eigenschaften als Innendämmung an Wand und Decke
gute Ökobilanz, formstabil, gute Eigenschaften als Innendämmung an Wand und Decke
temperaturbeständig, druckfest, geringes Gewicht, Ausgleichsschüttung unter Bodenbelägen gut geeignet
dampfdicht, feuchtebeständig, druckstabil, Flachdachdämmung
diffusionsoffen, verrottungs- und fäulnisfest, flexibel, vielseitig einsetzbar
formstabil, schallabsorbierend, hitzebeständig, recycelbar
formstabil, unverrottbar, Trittschalldämmung
formstabil, unverrottbar, Kellerdämmung
form- und druckstabil, hochdämmend, unverrottbar
formstabil, spröde, hochdämmend
dampfdicht, hochdämmend, Fertigelemente nachträglich nicht mehr bearbeitbar

An schönen Sommertagen ist der Essplatz doppelt so groß. Großflächige Glas-Schiebeelemente machen es möglich.

Öffnungen in der Außenwand

Fenster

Fenster prägen durch ihre Form und Größe entscheidend das Aussehen eines Gebäudes. Im Hinblick auf den Wärmeschutz gelten sie in Altbauten als kritische Bestandteile der Gebäudehülle, denn je nach Qualität kann über sie bis zu 25 % der Heizenergie verloren gehen – gerade bei Altbauten ein häufiges Problem. Sind die verwendeten Glasscheiben gut isoliert, können sie je nach Orientierung zur Sonne im Winter sogar zum passiven Wärmegewinn beitragen, ohne nennenswerte Wärme wieder nach außen abzugeben. Dreischeiben-Wärmeschutzverglasungen mit U-Werten zwischen 0,5 und 0,7 W/m²K entsprechen den heutigen Standards und den Anforderungen der EnEV. Glasscheiben und Rahmen müssen jedoch nicht nur gut isoliert sein, sondern auch funktionellen und optischen Anforderungen gerecht werden: sie sollten sich zum Lüften leicht öffnen lassen, genügend Tageslicht hereinlassen und im geschlossenen Zustand Schutz vor Wind, Feuchtigkeit, Kälte und Einbruch bieten. Dabei sollen sie zu einem harmonischen Erscheinungsbild der Fassade beitragen, außen robust sein und von innen wohnlich wirken. Damit ein Fenster all diesen Anforderungen gerecht werden kann, ist beim Neubau wie bei der Altbau-Sanierung eine sorgfältige Planung enorm wichtig.

Fenster in Skandinavien

Andere Länder, andere Sitten: In Skandinavien gehen Fenster häufig nach außen auf. Bei Wind wird das Fenster dann in den Falz gedrückt, bei schönem Wetter steht der offene Fensterflügel nicht in den Raum und auf dem Fensterbrett können Blumen oder Deko-Artikel stehen. Der Nachteil besteht in der relativ schwierigen Reinigung des Fensters von außen. Hierzulande ist diese Öffnungsart weniger üblich.

Die richtige Fenstergröße

Die richtige Position und Größe der Fenster ist Voraussetzung dafür, dass Sie einen Raum optimal nutzen können. Als Faustformel für ausreichendes Tageslicht gilt: die Fensterfläche sollte mindestens ⅛ der Grundfläche eines Raums betragen. Die Landesbauordnungen schreiben – je nach Bundesland verschieden – zwischen ⅛ und ⅒ der Raumgrundfläche als Mindest-Lichtfläche für Fenster vor. Während zu kleine Fenster einen Raum nicht ausreichend belichten, können zu große Fenster unnötige Kosten in der Anschaffung verursachen und die Möblierungsmöglichkeiten einschränken.

Typische U-Werte von Glasflächen bei Fenstern

▷ Einfachverglasung	5,5 W / m²K
▷ Zweischeiben-Verbundfenster	2,4 W / m²K
▷ Zweischeiben-Wärmeschutzverglasung	1,1 W / m²K
▷ Dreischeiben-Wärmeschutzverglasung	0,7 W / m²K

Welches Fenster für welchen Raum?

Für die Wahl des passenden Fensters ist die geplante Raumnutzung entscheidend. Soll das Fenster nur zum Lüften dienen, wie vielleicht im WC oder in der Speisekammer? Oder soll es auch einen schönen Ausblick ermöglichen? Sollen Kleinmöbel unter dem Fenster aufgestellt werden können? Liegt das Fenster im Erdgeschoss und muss es daher besonders gut vor Einbruch schützen? Fenster mit Brüstung bieten Stellfläche im Raum, während bodentiefe Fenster für mehr Tageslicht sorgen und sich z. B. für die Gartenseite gut eignen. Große Fensterflächen auf der Südseite tragen zum passiven Wärmegewinn bei, müssen aber im Sommer vor zu viel Sonneneinstrahlung geschützt werden. Dagegen bieten Fenster auf der Nordseite blendfreies Tageslicht, was beispielsweise für Ateliers und PC-Arbeitsplätze ein unschätzbarer Vorteil ist. Auf der Ost- und Westseite treffen morgens und abends die Sonnenstrahlen in sehr flachem Winkel auf die Glasscheibe, weshalb hier ein Blendschutz nötig sein kann. Für den Wärmeschutz ist auf der Süd- und Westseite hingegen ein außen liegendes Sonnenschutzsystem erforderlich – vor allem bei großen Glasflächen.

Für jeden Raum die passende Fenstergröße.

Modernes, von Schreinerhand gefertigtes Holzfenster mit Klappläden

Fensterrahmen

Fensterrahmen werden in vielen verschiedenen Farben, Formen und Materialien angeboten. Das Material können Sie nach Ihrem persönlichem Geschmack und Ihren Wünschen im Hinblick auf Optik, Pflege und Stil des Hauses wählen. Jedes Material hat Vorteile. Fensterrahmen aus Holz beispielsweise sind für Wohnräume sehr beliebt, da sie wohnlich wirken. Kunststoff-Fenster hingegen sind günstig in der Anschaffung. Aluminiumfenster sind äußerst robust, während Holz-Aluminium-Fenster zwei Vorteile in einem bieten: von innen wirken sie behaglich und warm, auf der Außenseite sind sie nahezu wartungsfrei. Die Kosten liegen für Holz-Alu-Fenster allerdings höher.

Tipp für Neubau und Sanierung

▷ Vorwand-Montagesystem für Fenster

Ein neuartiges Vorwand-Montagesystem ermöglicht es, Fenster vor die Außenwand des Rohbaus anzubringen anstatt in der Laibung. Dabei wird eine wärmedämmende und schallmindernde Montagezarge aus Holz auf die Außenwand vor die Fensteröffnung geklebt und geschraubt. Das Fenster liegt dann außerhalb der Rohbauebene. Dieses System eignet sich für Wärmedämm-Verbundsysteme ebenso wie für hinterlüftete Fassaden und zweischaliges Mauerwerk.

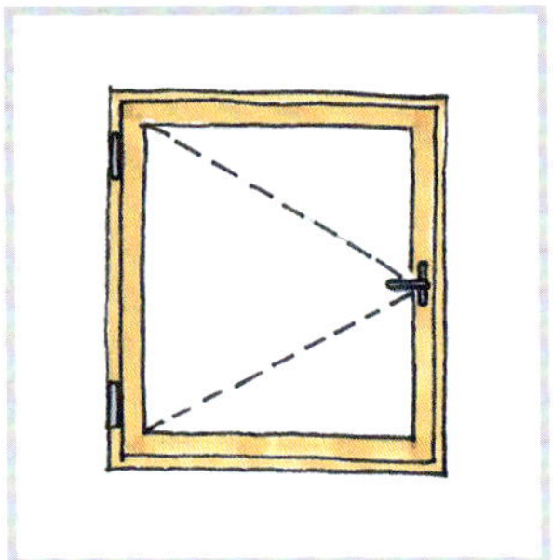

DIN links
Hiermit bezeichnet man Fenster und Türen, deren Scharniere von innen gesehen auf der linken Seite angebracht sind.

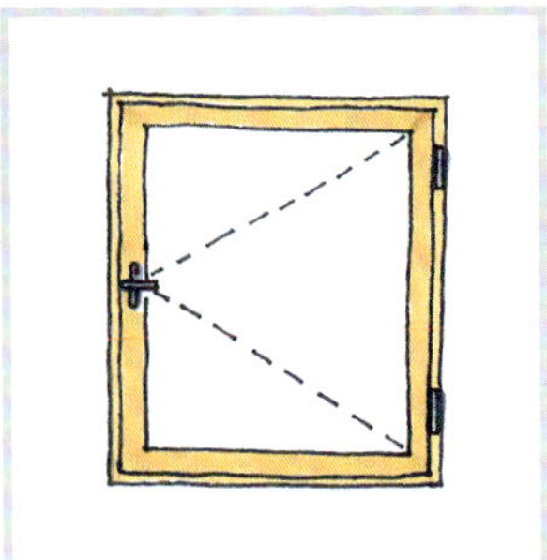

DIN rechts
(siehe oben)

Öffnungsarten von Fenstern

Je nach Raumnutzung und Himmelsrichtung eignen sich unterschiedliche Arten der Fensteröffnung. Sie haben im Wesentlichen die Wahl zwischen folgenden Öffnungsarten:

Drehkippflügel

Dies ist der Klassiker unter den Fenstern. Das Fenster kann wahlweise gekippt oder vollständig geöffnet werden.

Drehflügel

Das Fenster kann nur ganz geöffnet, aber nicht gekippt werden.

Kipp-Klappflügel

Diese Fenster werden um die horizontale Achse entweder nach außen oder innen geklappt. Sie eignen sich in erster Linie für Oberlichter, sind allerdings von außen schwer zu reinigen.

Linke Seite: Große, schwellenlose Schiebetüren erweitern optisch und im geöffneten Zustand auch real den Innenraum um die Terrasse.

Links: Die vollflächige Verglasung holt den Garten ins Haus und wirkt zugleich wie ein Bilderrahmen, der die Natur einfasst.

Schwingflügel

Schwingflügel lassen sich bis zu 180° um eine horizontale oder vertikale Achse schwingen und in jedem beliebigen Winkel feststellen. Die äußeren Fensterflächen sind dadurch leicht zu reinigen.

Glas-Schiebetüren

Mit Glas-Schiebetüren lässt sich ein Raum weit öffnen, und es geht kein Platz im Raum durch Türflügel verloren. Der Trend geht zu großen Glasflächen und Glasschiebetüren, die heute aus energetischer Sicht im Vergleich zu früher kein Problem mehr darstellen, da moderne Ausführungen einen hervorragenden Wärmeschutz bieten.

Festverglasungen

Eine Festverglasung ist immer dann sinnvoll, wenn ein Fenster nicht geöffnet werden muss. Festverglasungen sind wesentlich preiswerter als Fenster mit Öffnungsflügeln. Da das Putzen der Fenster nur von außen möglich ist, sind Festverglasungen nur in von außen zugänglichen Bereichen, wie im Erdgeschoss oder vor Balkonen, sinnvoll.

Einbruchschutz bei Fenstern

Sicherheitsbeschläge und verdeckt angeordnete Fensterbänder verhindern ein Aushebeln von Fenster oder Terrassentür. Einen guten Schutz stellen auch abschließbare Fenstergriffe dar, denn Eindringlinge müssten dann erst die gesamte Scheibe entfernen, um unverletzt ins Haus zu gelangen.

Oben: **Schiebevorhänge wirken vor allem an großen Fensterfronten elegant. Sie eignen sich auch für Nischenverkleidungen.**

Rechte Seite oben: **Sonnenschutz mit besonderer Raumwirkung**

Wichtiges Zubehör: Sonnenschutz, Blendschutz, Rollläden

An Süd- und West-Fassaden ist vor allem bei großflächigen Verglasungen ein Sonnenschutz unerlässlich, um die Räume vor Überhitzung zu schützen. Sonnenschutzvorrichtungen aller Art sollten immer außen angebracht sein, um Hitze gar nicht erst ins Rauminnere gelangen zu lassen. Nach der aktuellen EnEV muss bei kritischen Räumen, z. B. nach Süden und Westen ausgerichteten Wohnräumen mit großer Verglasung, sogar nachgewiesen werden, dass der sommerliche Wärmeschutz gegeben ist. Im Süden kann bereits ein entsprechend großer Dachüberstand genügen. Für alle besonnten Fassaden eignen sich gut Lamellen-Raffstores, die sich stufenlos einstellen lassen. Mit halb geöffneten Lamellen ermöglichen sie eine gute Durchsicht, vollständig geschlossen schützen sie dagegen auch abends vor Einblicken von außen.

Lamellen-Raffstores können auch zwischen zwei Isolierglasscheiben angeordnet werden. Das hat den Vorteil, dass sie wind- und regengeschützt liegen und – ob als Sonnen- oder Sichtschutz – bei jedem Wetter heruntergefahren werden können.

Als Alternative zu Jalousien bieten Sonnenschutzgläser guten Schutz vor Überhitzung der Räume, ohne dabei den Ausblick zu behindern. Eine spezielle Edelmetall-Beschichtung reflektiert die Sonnenstrahlen und lässt dadurch weniger Wärme hindurch. Der Nachteil ist allerdings, dass auch die Tageslichtqualität leidet und im Winter mögliche passive solare Gewinne deutlich geringer ausfallen als bei einer guten Wärmeschutzverglasung. Eine moderne Weiterentwicklung stellt dimmbares Sonnenschutzglas dar. Es ist mit Solarsensoren ausgestattet und reagiert erst dann, wenn es von der Sonne beschienen wird. Damit kommt die jeweils maximal mögliche Menge an Tageslicht in den Raum bei gleichzeitigem Schutz vor Überhitzung.

Als reiner Sicht- und Blendschutz eignen sich innen liegende Rollos, textile Lamellenvorhänge oder flächige, vertikal von unten nach oben verschiebbare Raffrollos gut. Letztere bieten einen individuell anpassbaren Sichtschutz, ohne das Sonnenlicht ganz auszusperren. Ein Blendschutz sollte vor allem an Arbeitsplätzen, wie z. B. beim Schreibtisch im Kinderzimmer oder am Computerarbeitsplatz nicht fehlen, um die Augen vor starken Kontrasten zu schützen.

Lamellenrollos werden vor der Fassade angebracht, lassen sich stufenlos einstellen und so dem jeweiligen Sonnenstand anpassen.

Thema im Fokus

Sommerlicher Wärmeschutz

Damit sich Innenräume im Sommer nicht aufheizen, müssen Sonnenschutzvorrichtungen gegen Überhitzung immer außen an der Fassade angebracht werden, denn so gelangt die Strahlungswärme gar nicht erst ins Haus. Auch Rücksprünge in der Fassade oder Überstände, wie Balkone, können einen wirkungsvollen Sonnenschutz darstellen. Ist die Wärmestrahlung durch die Glasflächen bereits in den Innenraum gelangt, kann sie je nach Fenstergröße eine beträchtliche Kühllast, also einen Energiebedarf für die Kühlung des Gebäudes, verursachen. Bei Neubauten muss der sommerliche Wärmeschutz nach EnEV berechnet und nachgewiesen werden. Dabei werden Auskragungen, Verschattungen durch umliegende Gebäude und der Einstrahlungswinkel der Sonne auf die Fassade berücksichtigt.

Vollflächigen und umfassenden Schutz bieten Rollläden aus Kunststoff oder Aluminium. Sie sind dichter und weniger windanfällig als Lamellen-Raffstores, bieten heruntergelassen eine durchgehend geschlossene Fläche und schützen vor Kälte, Hitze und Lärm. Zudem erschweren sie Einbrechern den Zugang ins Haus und schützen Fensterrahmen sowie Glasflächen vor Regen, Wind und Schnee. Rollladenkästen können außen an der Fassade angebracht oder gut gedämmt ins Mauerwerk integriert werden. In Altbauten sind im Mauerwerk integrierte Rollladenkästen häufig ungedämmt. Sie stellen Wärmebrücken dar und können hohe Wärmeverluste verursachen, lassen sich aber mit speziellen Dämmschalen gut nachträglich dämmen.

Mögliche Sonnenschutz-Maßnahmen

▷ **Unbeweglich**
- Tiefe Dachüberstände
- Balkone
- Auskragungen

▷ **Beweglich außen liegend**
- Lamellenrollos
- Textile Rollos
- Markisen
- Rollläden

▷ **Beweglich im Scheibenzwischenraum**
- Jalousien
- Raffrollos

▷ **Verglasung**
- Wärmeschutzverglasung
- Sonnenschutzverglasung (im Winter kaum passive Gewinne)
- Dimmbares Sonnenschutzglas

Links: Rollladen mit vor der Fassade montiertem Rollladenkasten. Die Wandkonstruktion wird auf diese Weise nicht angetastet und mögliche Wärmebrücken werden vermieden.
Unten: Lamellenraffstores schützen effektiv vor zu viel Sonne und vor Überhitzung der Räume.

Haustüren und Eingangsbereiche

Als gestalterisches Element prägen Haustüren den Eingangsbereich und wirken wie die Visitenkarte eines Hauses. Gleichzeitig werden sie meistens täglich mehrfach genutzt und sind somit ständigen mechanischen Belastungen ausgesetzt – und das über einen langen Nutzungszeitraum. Daher benötigen sie einen stabilen Rahmen, der sich nicht verzieht, sowie stabile Zargen und Beschläge. Haustüren müssen auch Kälte, Wind, Regen und Lärm abhalten, wofür hochwärmegedämmte Türblätter sowie umlau-

Bequem durch die Tür

Die Durchgangsbreite der Haustür sollte mindestens 90 cm betragen, wenn Sie bequem und bei Bedarf auch einmal mit Gehhilfe ins Haus gelangen oder sperrige Möbel durch die Türöffnung transportieren möchten.

fende Falz- und Bodendichtungen sorgen. Formstabile Haustüren mit Sicherheitsbeschlägen schützen darüber hinaus zuverlässig vor Einbruch.

Wenn Sie die Haustür, ob schlicht oder repräsentativ, dem Stil Ihres Hauses anpassen, tragen Sie wesentlich zur harmonischen Gesamterscheinung Ihres Domizils bei. Die Bandbreite an gestalterischen Möglichkeiten ist für Haustüren mittlerweile riesengroß und teilweise immer neuen Mo-

Einladend gestalteter Eingangsbereich mit tiefer Überdachung, Sitzbank und breiter Haustür. Durch die satinierte Glasscheibe fällt Tageslicht in den Windfang, ohne Einblicke zu ermöglichen.

Thema im Fokus

Schutz vor Einbruch

Im Schnitt wird in Deutschland alle vier Minuten eingebrochen. Einbrecher verschaffen sich lieber durch eine Tür als durch ein Fenster Zutritt, weil sie dabei weniger auffallen. Bei Fenstern müssten sie nämlich hineinklettern und eventuell Glas einschlagen, was Lärm verursachen würde. Zum Öffnen von Haustüren genügt ihnen dagegen erstaunlich häufig nur ein Schraubenzieher. Schutzbeschläge und Sicherheitsschlösser sind daher unerlässliche Bestandteile einer Haustür, um unerwünschte Besucher abzuhalten. Verdeckt angeordnete Scharniere, sogenannte Tresorbänder, und ins Türblatt verankerte Bolzen verhindern ein Aushebeln der Tür. Haustüren werden in unterschiedlichen Sicherheitsstufen angeboten. Prüfen Sie, wie gefährdet Ihr Haus tatsächlich ist und wie hoch Ihr Sicherheitsbedürfnis ist. Bedenken Sie außerdem bei der Auswahl von Tür und Beschlägen stets das Verhältnis zwischen Nutzen und Kosten.

deströmungen unterworfen. Grundsätzlich haben Sie die Wahl zwischen massiven Türen und Türen mit Füllungen, Seitenteilen oder, bei entsprechender Raumhöhe, Oberteilen aus Glas, Türen mit Applikationen und Sprossenelementen oder mit Rund- oder Segmentbögen. Glasfüllungen erlauben einen Blick auf erwartete und unerwartete Gäste, Seitenteile vergrößern optisch den Hauseingang und beleuchtete Griffmulden erleichtern das Aufschließen im Dunkeln – ein durchaus sinnvolles Detail. Als Materialien stehen für Haustüren Holz, Aluminium, eine Kombination aus Holz und Aluminium sowie Kunststoff zur Verfügung.

Vordächer schützen vor Regen und Schnee, und zwar die Bewohner und Gäste wie auch die Haustür selbst. Eventuell könnte auch ein zusätzlicher Windschutz, beispielsweise aus einer seitlich angebrachten Glaswand, sinnvoll sein, falls nicht die angrenzende Garage, ein Gebäuderücksprung oder hohe Pflanzen diese Funktion übernehmen. Eine gute Beleuchtung des Eingangsbereichs ist hingegen ein Muss: sie bietet Sicherheit beim Herantreten an die Tür und beim Aufschließen, gleichzeitig lässt sie den Hauseingang übersichtlich und gepflegt erscheinen.

Linke Seite: **Hier ist bereits der Weg das Ziel.**

Unten: **Von der Garage rechts im Bild gelangt man trockenen Fußes ins Haus. Gleichzeitig ankommende Personen, wie Gäste, finden genügend Platz unter dem Vordach.**

Oben: Damit alle Fertigteile für die Decke passen, müssen Aussparungen für Treppen und Kamine vorher genau geplant werden.

Rechte Seite 1+2: Betontreppen können im Ganzen vorgefertigt an die Baustelle geliefert und dort eingesetzt werden.

Rohbaudecken und -treppen

Decken

Geschossdecken haben im Wesentlichen zwei Funktionen: sie tragen Lasten inklusive ihres Eigengewichts und steifen das Gebäude aus. Decken müssen aber auch schalldämmend wirken und vor Wärmeverlusten schützen. Man unterscheidet zwischen Massivdecken, die entweder aus Ziegel, Stahlbeton oder Vollholz sein können, und Holzbalkendecken, die heute eher weniger gebräuchlich sind. Stahlbetondecken eignen sich nur für Massivbauten aus Mauerwerk oder Beton. Sie bilden zusammen mit den Wänden eine statische Einheit, bieten einen guten Brandschutz und sind sehr haltbar. Allerdings sind sie aufwändiger in der Herstellung als Holzdecken.

Treppen

Treppen sind mehr als nur verbindende Elemente zwischen zwei Geschossen, denn sie prägen durch Bauweise, Laufrichtung und Materialien den Innenraum. Bei der Treppenplanung sollte an oberster Stelle die Sicherheit und bequeme Begehbarkeit stehen. Das empfohlene Steigungsverhältnis einer Treppe wird anhand der Schrittmaßregel bestimmt.

Als Schrittmaß bezeichnet man die Schrittlänge. Beim Gehen liegt dieses Maß bei einem normalgroßen Erwachsenen zwischen 59 und 65 cm, im Mittel also bei ca. 63 cm. Beim Treppensteigen verkürzt sich die Schrittlänge um das 2-Fache der Höhe. Steigt man z. B. 18 cm hoch, beträgt die horizontale Schrittlänge nur noch 27 cm. Hieraus ergibt sich ein empfohlenes Steigungsverhältnis von 18/27. Im Rohbau werden oft Fertigteiltreppen aus Beton eingesetzt, die vor der Montage mit dem Kran eingefügt werden.

Ob eine Treppe als massives Element oder filigran mit Durchblicken ausgebildet werden soll, ob sie gerade in einem Lauf oder mit Podest angeordnet oder halb bzw. vollständig gewendelt sein soll, hängt vom verfügbaren Platz und von Ihrem persönlichen Geschmack ab. Gerade verlaufende Treppen wirken prägnanter im Raum und sind sicherer zu begehen als gewendelte Treppen, die dafür jedoch deutlich weniger Platz beanspruchen. Der Raum unter dem Treppenverlauf kann als Regal ausgebildet werden. Holztreppen, die nur aus Treppenwangen und Trittstufen bestehen, wirken leicht und transparent und können als gestalterisches Element den Raum bereichern.

Effiziente Fertigteile

Fertigteile, z. B. für Wände, Decken, Treppen, Balkone etc., können aus verschiedenen Materialien bestehen, wie Beton, Holz oder Metall. Fertigteile verkürzen die Bauzeit und helfen durch die maschinelle Vorfertigung, Fehler bei der Verarbeitung zu vermeiden.

Die Holzfassade schützt und verleiht dem Wohnhaus zugleich ein elegantes Erscheinungsbild.

Die äußere Hülle – Fassaden gestalten und schützen

Fassaden repräsentieren ein Haus nach außen und schützen die Tragkonstruktion vor Witterung, Schadstoffen und mechanischen Einwirkungen aller Art. Die äußere Hüllschicht sollte daher nicht nur gut aussehen, sondern auch robust sein, wofür sich verschiedene Fassadensysteme eignen: Man unterscheidet zwischen Putzfassade, Sichtmauerwerk und vorgehängter Fassade, bei der die Außenwand mit frostbeständigen Materialien verkleidet ist, z. B. mit Holz, Naturstein, Plattenwerkstoffen oder Ähnlichem. Ob Sie Ihr Haus verputzen, verkleiden oder mit Sichtmauerwerk verblenden möchten – für all diese Varianten bietet sich Ihnen eine Vielfalt an individuellen gestalterischen Möglichkeiten.

Putze

Fassadenputze bestehen immer aus einem Unter- und einem Oberputz. Sie sorgen für raue oder glatte Oberflächen, die lebendig oder dezent wirken können – die jeweilige Wirkung hängt vom Anteil der Zuschlagsstoffe und der Auftragstechnik ab. Putze werden entweder aufgespritzt oder gespachtelt. Man unterscheidet organische Putze, wie Dispersionsputze, von mineralischen Putzen. Bei der Auswahl ist es wichtig, dass der Putz immer auf den jeweiligen Untergrund abgestimmt ist, um seine Schutzfunktion erfüllen zu können. Für besondere Anwendungen stehen Spezialputze zur Verfügung: Glattputze haben eine schmutzabweisende Wirkung, Dekorputze bieten Spezialeffekte mit Tiefenwirkung und Wärmedämmputze eignen sich für die Sanierung von Altbaufassaden, denn sie gleichen Unebenheiten aus und stellen eine fugenlose Dämmschicht dar.

Auf Oberflächen, die sich weniger zum Verputzen eignen, wie z. B. Dämmplatten, muss zunächst ein geeigneter Putzträger angebracht werden. Darauf wird der Unterputz, auch Armierungsputz genannt, aufgebracht. Oberputze sind in unterschiedlichen Körnungen, Ausführungen und Farben erhältlich, sodass sie – z. B. in individueller Spachteltechnik aufgetragen – attraktive gestalterische Möglichkeiten für Ihre Fassade bieten.

Ausbildung des Sockels

Der Sockel gehört zu den am meisten beanspruchten Bereichen der Außenwand. Spritzwasser oder sich stauende Feuchtigkeit, z. B. durch Schnee, können zu Schäden im Sockelbereich führen. Grundsätzlich sollte der Sockel daher ca. 30 bis 50 cm über die Gelände-Oberkante gezogen, abgedichtet und gedämmt werden. Ein wasserabweisender Oberputz alleine schützt im Sockelbereich nicht ausreichend vor eindringender Feuchtigkeit.

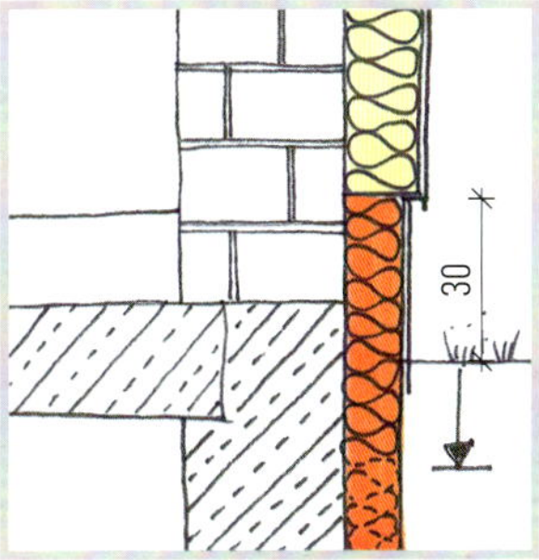

Die Perimeterdämmung muss im Sockelbereich bis mindestens Unterkante Kellerdecke reichen. Beim Übergang von der Perimeter- zur Fassadendämmung wird ein Profil eingesetzt, wodurch sich ein leichter Rücksprung ergibt.

Putz und Farbe in Harmonie mit Gebäudeform und Fensteröffnungen.

Putzstrukturen im Überblick

Kellenwurf-Putz

Meist einlagiger, von Hand aufgetragener Putz mit dicken Körnern. Wird mit der Kelle angeworfen, die so entstehende Struktur wird belassen.

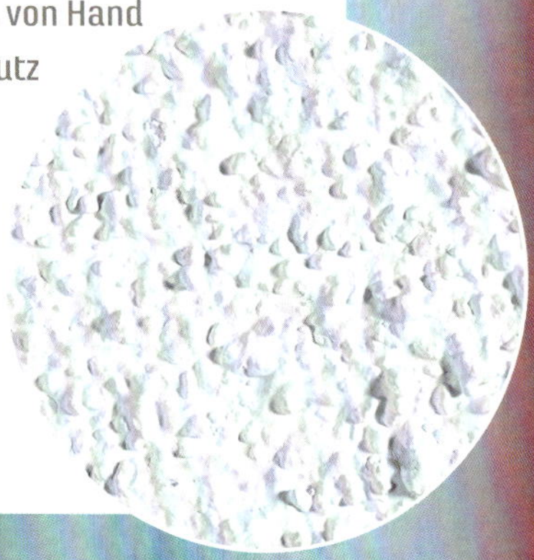

Besenstrich-Putz

Wird mit einem Putzkamm horizontal per Hand gezogen. Lebendige Wirkung bei Änderung der Ausrichtung oder des Werkzeugs.

Kratzputz

Nach ausreichender Aushärtung werden die Körner mit dem Nagelbrett herausgekratzt, sodass eine löchrige Oberfläche entsteht.

Glattputz

Wird vor allem im Denkmalschutzbereich verwendet. Anfällig für Risse, etwaige Unebenheiten sind deutlich sichtbar.

Rauputz

Struktur und Wirkung hängen von der Korngröße ab. Auch die Dicke der Schicht wird durch die Korngröße bestimmt. Durch Reiben auf der Oberfläche entstehen die klassischen Rillen.

Farbwahl beim WDSV

Je dunkler die Fassadenfarbe, desto größer ist die Aufheizung der Fassade im Sommer. Bei einem Wärmedämm-Verbundsystem mit EPS-Dämmung (Polystyrol) kann die Hitze zu Schäden führen. Für WDVS-geeignete Putze und Farben wenden Sie sich am besten an einen Fachmann.

Farben

Fassadenfarben müssen hohe Anforderungen an Deckkraft, Farbbrillanz und Strapazierfähigkeit erfüllen. Mit dem NCS-Farbsystem (Natural Colour System) können Farben bis in kleinste Nuancen definiert werden. Je nach Zusammensetzung unterscheidet man im Wesentlichen zwischen Silikat-, Silikonharz- und Acrylfarben. Bei der Auswahl sollten Sie darauf achten, dass die Farben beim Auftragen nicht tropfen und sich leicht verstreichen sowie verwischen lassen. Dies erleichtert das Streichen und verkürzt die Arbeitszeit – gerade dann ein wichtiger Aspekt, wenn Sie beim Renovieren gern selbst zu Pinsel und Rolle greifen.

Welche Fassadenfarbe ist die richtige?

Die Wirkung einer Fassadenfarbe hängt von der Größe des Hauses, von eventuell vorhandenen weiteren Fassadenmaterialien, vom Umfeld und auch von der Sonneneinstrahlung ab. Die Farbe sollte immer zum Gesamtkonzept des Hauses und zugleich zur Umgebung passen. Allgemein wirken kräftige Farbtöne, wie z. B. Rot, auf großen Wandflächen eher „laut", dunklere Farben eignen sich optisch besser für kleine Flächen, und Sockelbereiche wirken in dunklen Grautönen am besten. Zur Gestaltung Ihrer Fassade können Sie auch einzelne Farbakzente setzen und z. B. eine einzelne Wandfläche andersfarbig streichen oder Fenster und Türen farbig umranden.

Oben 1+2: Farbfächer geben eine Übersicht über die einzelnen Farbschattierungen. Sie dienen als unverzichtbare Arbeitsgrundlage für die genaue Farbauswahl.

Rechts: Musterflächen vor Ort sparen Ärger, denn sie zeigen die Farben im Verlauf des Tages und mit der bestehenden Untergrundstruktur.

Diese Fassadenverkleidung besteht aus duromeren Hochdruck-Laminatplatten, die besonders gut vor der Witterung schützen.

Fassadenbekleidung

Eine hinterlüftete Fassade besteht aus Bauteilen, wie Platten, Brettern oder Schindeln, die tafelförmig, schuppenförmig, horizontal oder vertikal auf eine Unterkonstruktion montiert werden. Diese Bauteile bilden die Außenhaut des Gebäudes und prägen maßgeblich sein Erscheinungsbild. Der Wandaufbau sieht folgendermaßen aus: auf die tragende Wand wird eine Unterkonstruktion aus Holz oder Metall geschraubt, die sogenannte Konterlattung. In die Ausfachungen wird die Dämmung eingelegt, auf die Konterlattung im 90°-Winkel die Lattung geschraubt und darauf wiederum die schützenden Fassadenplatten, -bretter oder -schindeln befestigt. Zwischen Wärmedämmung und Außenhaut befindet sich dann eine Luftschicht, sodass von außen eventuell eingedrungene Feuchtigkeit abtrocknen kann. Um die Fassade adäquat schützen zu können, sollten Sie Außenmaterialien verwenden, die frostsicher, schlagregenfest und formstabil sind, wofür sich Holz, Faserzement, Keramik, Schiefer, Naturstein allgemein, Glas, Glasmosaik und Metallblech besonders gut eignen. Diese und weitere Materialien werden in vielen Farb- und Formvariationen angeboten.

Belebte Fassaden

In Städten ist Grün eher rar und die Hitze staut sich leicht. Hier sorgen vertikale Grünflächen im Sommer für Abkühlung und gute Luft. Dazu wird auf einer vorgehängten, hinterlüfteten Aluminium-Konstruktion ein Vlies mit integriertem Substrat und Bewässerungsanlage befestigt und anschließend bepflanzt. Die grüne Wand ist nahezu wartungsfrei, die Bewässerung erfolgt mit Regenwasser.

Fassaden aus Holz

Geeignetes Holz kann an Fassaden wahlweise naturbelassen bleiben oder lasiert werden, wobei Lasuren das natürliche Nachdunkeln von Holz verzögern oder sogar verhindern. Unbehandeltes Holz vergraut auf natürliche Art und wird im Laufe der Zeit silbrig – ein Effekt, der von vielen Bauherren und Architekten geschätzt wird. Unter dem Schutz von tiefen Dachüberständen allerdings verzögert sich dieser Prozess, weshalb eine solche Fassade manchmal nicht einheitlich vergrauen kann. Lärchenholz ist unbehandelt aufgrund seines hohen Harzanteils besonders lange haltbar und widerstandsfähig. Und da das Holz nicht gestrichen werden muss, stellt es eine preiswerte Fassadenverkleidung dar. Verschiedene Arten, die Verschal-Bretter anzuordnen – z. B. vertikal, horizontal, überlappend oder auf Lücke – sorgen dafür, dass Holzfassaden ganz unterschiedlich und individuell aussehen können.

Rechts: **Die auf Lücke gesetzten Holzlatten schützen und belüften die dahinter liegende Wandkonstruktion.**

Rechte Seite oben: **Faserzementplatten sind äußerst robust und bieten viel Spielraum bei der Fassadengestaltung.**

Verkleidung mit Faserzementplatten

Faserzement besteht überwiegend aus Zement, Kalk, Wasser und künstlichen oder natürlichen Fasermaterialien. Die Fasern wirken wie eine Bewehrung, sodass Faserzement ein sehr robuster Verbundwerkstoff ist. Mit Asbest hat er schon lange nichts mehr zu tun, diese Fasern werden seit Jahrzehnten nicht mehr verwendet. Faserzement ist wasserdicht, nicht brennbar, witterungsresistent und ausgesprochen langlebig, sodass damit verkleidete Fassaden wenig Pflege erfordern. Der Vorteil von Faserzementplatten ist außerdem, dass sie ihre Optik nicht ändern, wie es z. B. bei Holz der Fall ist, das bekanntlich nachdunkelt oder vergraut. Faserzementpatten stehen in verschiedenen Formaten, Farben und Oberflächenstrukturen zur Auswahl. Da sie sich vor allem auch für großflächige Formate eignen, bieten sie viele individuelle Gestaltungsmöglichkeiten für die Fassade.

Die Fassadenplatten werden auf einer Unterkonstruktion befestigt, der Wandaufbau dahinter ist belüftet.

Großformatige, glatte Metallverkleidungen wirken ohne sichtbare Befestigung besonders elegant.

Verkleidung mit Metallblech

Mit Metallblech verkleidete Fassaden wirken meist sehr edel. Die Verkleidung kann aus Stahl, Kupfer, Bronze, Zink oder Messing bestehen und unterschiedliche Strukturen und Oberflächen aufweisen. Beispielsweise können die Metallprofile horizontal oder vertikal verlaufen, es bieten sich aber auch großformatige, glatte Paneele für homogene Oberflächen an. Die Metallflächen wiederum können z. B. gebürstet, eloxiert oder vorpatiniert sein.

Metallfassaden sind langlebig, praktisch wartungsfrei und schützen die Fassade hervorragend vor Witterungseinflüssen. Insbesondere bei Dachgauben kommen Metallverkleidungen häufig zum Einsatz, z. B. als Stehfalzdeckung in senkrechten Bahnen.

Sichtmauerwerk

Sichtmauerwerk besteht meist aus Klinkern oder aus Kalksandstein. Diese sogenannte Vormauerschale wird als eigene Wandscheibe vor der tragenden Wand errichtet und mit dieser verbunden. Je nach Steinart, Fugenausbildung und Mörtelfarbe können die Fassaden sehr unterschiedlich aussehen. Sichtmauerwerk ist robust und langlebig, darüber hinaus erfordert es kaum Pflege.

Thema im Fokus

Algen und Pilzbefall an der Außenfassade

Gut gedämmte Wände bleiben an der Außenseite kalt. Dadurch kann sich an schattigen Stellen Tauwasser bilden oder die Fassade kann auf der Wetterseite durch Regen länger feucht bleiben – beides begünstigt Algen- und Pilzbildung. Eine trockene Fassade ist immer der beste Schutz. Ausreichend tiefe Dachüberstände sorgen dafür, dass die Fassade nicht ständig der Feuchtigkeit ausgesetzt ist. Schutz bieten auch spezielle Putze. Ökologisch problematisch sind hingegen fungizidhaltige Putze. Sie halten zwar für eine gewisse Zeit Schimmel- und Algenbefall ab, doch die pilztötenden Substanzen waschen sich im Laufe der Zeit aus dem Putz heraus, gelangen ins Grundwasser und belasten die Umwelt. Unabhängig vom Fassadenschutzsystem ist es ratsam, die Fassade regelmäßig von einem Fachmann begutachten lassen.

Hauswände, die längere Zeit Tauwasser oder Regen ausgesetzt sind, können zu Algenbefall neigen. Hier sollte der Fachmann ran.

Links oben und links:
Klinkerriemchen sind hauchdünne Ziegel, die direkt auf die Wand geklebt werden und wie Sichtmauerwerk wirken.

Ein guter Energiestandard schon nicht nur die Umwelt, sondern auch Ihren Geldbeutel.

Energiestandards

Für die Beschreibung der Energiestandards von Wohngebäuden werden in Deutschland die Energiekennwerte Heizwärmebedarf, Endenergiebedarf und Primärenergiebedarf herangezogen, die jeweils in Kilowattstunden pro Quadratmeter beheizter Wohnfläche und Jahr (kWh/m²a) angegeben werden. Meist ist der Heiz- bzw. Primärenergiebedarf die maßgebliche Größe für den Energiestandard. Die energetische Qualität eines Gebäudes ergibt sich aus der Gegenüberstellung seines Endenergie- und Primärenergiebedarfs (Definitionen siehe rechte Seite). In Österreich und der Schweiz gelten ähnliche Energiestandards wie in Deutschland. Es liegen ihnen jedoch zum Teil andere bauphysikalische Parameter zugrunde, sodass sie nicht 1:1 verglichen werden können. Eine Ausnahme ist der Passivhaus-Standard: er entspricht weitgehend dem österreichischen Passivhaus-Standard und dem Schweizer Minergie-P-Standard. In der Schweiz besteht darüber hinaus seit dem Jahr 2011 der sogenannte Minergie-A-Standard, bei dem der Einsatz von erneuerbaren Energien, die Verwendung von äußerst energiesparenden Haushaltsgeräten sowie die Minimierung der sogenannten grauen Energie (die beim Erstellen des Gebäudes benötigt wird) gefordert ist.

Tipp für den Neubau

Ein einfaches rechtwinkliges Gebäude ohne Vor- und Rücksprünge ist aus energetischer Sicht ideal, da die wärmeabgebende Außenfläche im Verhältnis zum Raumvolumen sehr klein ist. Das optimale Verhältnis von Außenfläche zu Volumen (A/V-Verhältnis) weist die Kugel auf, deren architektonische Entsprechung der Würfel wäre.

Begriffserläuterungen

Heizwärmebedarf

Er sagt aus, welche Menge an Heizenergie rechnerisch zum Beheizen eines Gebäudes benötigt wird. Für die Höhe des Heizwärmebedarfs sind die Dichtheit der Gebäudehülle, die Dämmqualität und die Kompaktheit des Gebäudes die entscheidenden Kriterien.

Endenergiebedarf

Der Endenergiebedarf ist umfassender als der Heizwärmebedarf, denn er beinhaltet zusätzlich die Verluste des Heizungssystems, den Bedarf für Warmwasser und den Strombedarf für die Anlagentechnik. Der Endenergiebedarf ist also die Energiemenge, die, unabhängig von ihrer Herkunft, für die gesamte Beheizung eines Gebäudes nötig ist.

Primärenergiebedarf

Der Primärenergiebedarf umfasst den Endenergiebedarf, bezieht jedoch zusätzlich Gewinnung, Transport und Umwandlung der Energieträger mit ein. Dies geschieht durch den sogenannten Primärenergiefaktor, dessen jeweilige Größe den einzelnen Energieträgern zugeordnet ist. Der Primärenergiefaktor wird mit der benötigten Energiemenge multipliziert und gibt Auskunft über den ökologischen Fußabdruck des verwendeten Energieträgers, also über die durch seinen Einsatz verursachten CO_2-Emissionen.

Tipp

Bedarf nicht mit Verbrauch verwechseln

Bedarf und Verbrauch sind zwei verschiedene Größen, die in der Umgangssprache leicht verwechselt werden. Während der Energiebedarf als berechneter Wert eine reine Gebäudeeigenschaft darstellt und als Vergleichsgröße dient, ist der tatsächliche Verbrauch vom Nutzerverhalten abhängig.

Oben und unten: Thermografie-Aufnahmen verraten den energetischen Zustand der Fassade. Die Wärmebild-Kamera zeigt anhand der farbigen Flächen die Bereiche mit Wärmeverlusten an. Rot bedeutet: hohe Wärmeverluste, Dunkelblau heißt: gute Dämmung.

Es gibt verschiedene Systeme, um den energetischen Zustand des Hauses von unterwegs aus abzulesen und zu steuern.

Beispiele aktueller Energiestandards

KfW-Effizienzhaus

Mit dem Begriff KfW-Effizienzhaus sind gemäß EnEV verbindliche Grenzwerte für den Primärenergiebedarf und für die zulässigen Wärmeverluste über die Gebäudehülle verbunden. Zudem werden bestimmte Anforderungen an die technischen Anlagen für Heizung und Lüftung gestellt. Die Zahl beim KfW-Standard gibt in Prozent an, wie hoch der jährliche Primärenergiebedarf maximal sein darf im Vergleich zu einem Referenzgebäude gleicher Größe, das die gesetzlichen Anforderungen der EnEV erfüllt. Die Energieeffizienz eines Hauses ist umso höher, je niedriger der KfW-Effizienzhaus-Wert ist. Typische KfW-Effizienzhaus-Werte sind für Bestandsgebäude KfW 115, KfW 100 sowie KfW 85 und für den Neubau KfW 70, KfW 55 und KfW 40. Sonderwerte gelten für den Standard KfW-Effizienzhaus Denkmal. Wird einer der KfW-Energiestandards erfüllt, fördert die KfW-Bankengruppe das Neubau- oder Sanierungsvorhaben finanziell.

Passivhaus

Passivhäuser haben eine besonders dichte Gebäudehülle, sodass die im Haus befindliche Wärme nicht entweichen kann. Der Heizwärmebedarf beträgt maximal 15 kWh/m²a. Da Passivhäuser weitgehend luftdicht sind, benötigen sie eine Lüftungsanlage mit Wärmerückgewinnung, die für den notwendigen Luftaustausch ohne Wärmeverluste sorgt. Heizwärme wird überwiegend passiv gewonnen, z. B. über die Sonneneinstrahlung durch große Fenster auf der Südseite, aber auch durch Abwärme von Geräten oder die Wärmestrahlung von Menschen. Passivhäuser werden nach dem Passivhaus-Projektierungspaket (PHPP) beurteilt, dessen Kriterien von denen der EnEV abweichen können.

Nullenergie- und Energieplushaus

Ein Nullenergiehaus erzeugt durch regenerative Energiequellen im Jahresmittel in etwa so viel Energie, wie für Heizung, Warmwasser und Strom benötigt wird. Ein Energieplushaus erzeugt im Mittel sogar mehr Kilowattstunden als benötigt, sodass ein Energieüberschuss entsteht. In diesem Fall ist die Jahresenergiebilanz negativ.

Effizienzhaus Plus

Bei diesem anspruchsvollen Energiestandard müssen im Jahresmittel sowohl der Primär- als auch der Endenergiebedarf Werte unter null aufweisen. Dazu müssen folgende drei Kriterien erfüllt sein: die Gebäudehülle muss möglichst dicht sein, es müssen regenerativ auf dem eigenen Grundstück gewonnene Energien verwendet sowie Haushaltsgeräte mit höchster Effizienzklasse eingesetzt werden. Passivhaus-Werte sind dagegen für ein Effizienzhaus Plus nicht erforderlich.

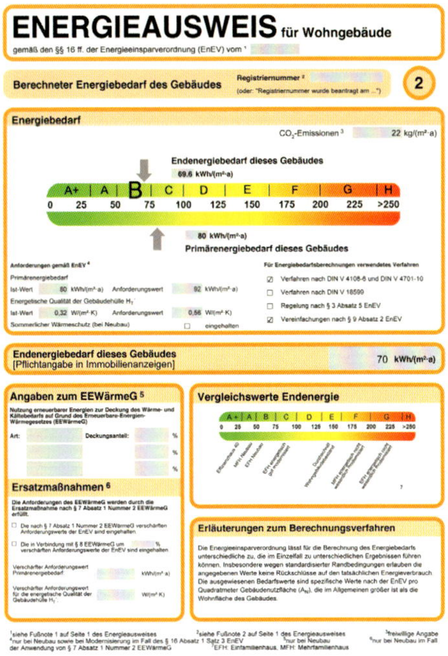

Die Farbskala im Energieausweis gibt Auskunft über den Energiestandard des Gebäudes. Grün bedeutet: alles „im grünen Bereich".

Fördermöglichkeiten

Wenn Sie Ihr Haus nachträglich dämmen und/oder Ihre Heizung erneuern, erhalten Sie staatliche Zuschüsse im Rahmen einer energetischen Sanierung. Bei Wohngebäuden, deren Bauantrag bzw. deren Bauanzeige vor dem 01.02.2002 gestellt wurde, fördert die Bundesregierung über die KfW-Bankengruppe die Sanierung, und zwar entweder in Form zinsgünstiger Kredite oder mit einem finanziellen Zuschuss. Voraussetzung dafür ist, dass Ihr Haus nach der Sanierung die Kriterien eines KfW-Effizienzhauses erfüllt. Alternativ können auch sogenannte energetische Einzelmaßnahmen gefördert werden. Wichtig und auch für eine Förderung auch notwendig ist in diesem Zusammenhang, einen qualifizierten Energieberater hinzuzuziehen. Er begutachtet Ihr Haus, berät Sie, welche Maßnahmen notwendig und sinnvoll sind und informiert zu den aktuellen Förderprogrammen und Konditionen. Der Energieberater muss die Berechnungen erstellen und die entsprechenden Anträge unterschreiben. Die Baubegleitung durch einen derartigen Experten wird ebenfalls finanziell gefördert. Wichtig: Alle Förderungen müssen vor Beginn der Maßnahmen beantragt werden.

Der Energieausweis – ein Pflichtdokument

Der Energieausweis dokumentiert den energetischen Zustand eines Gebäudes – entweder in Form eines Bedarfsausweises, dem errechnete Werte zugrunde liegen und der eine objektive Vergleichsgröße darstellt, oder in Form eines Verbrauchsausweises, der auf den Verbrauchsdaten der letzten drei Jahre beruht. Der Energieausweis ist gesetzlich vorgeschrieben, wobei je nach Baujahr der Bedarfsausweis Pflicht sein kann. Bei Verkauf oder Vermietung muss der Energieausweis vorgelegt werden.

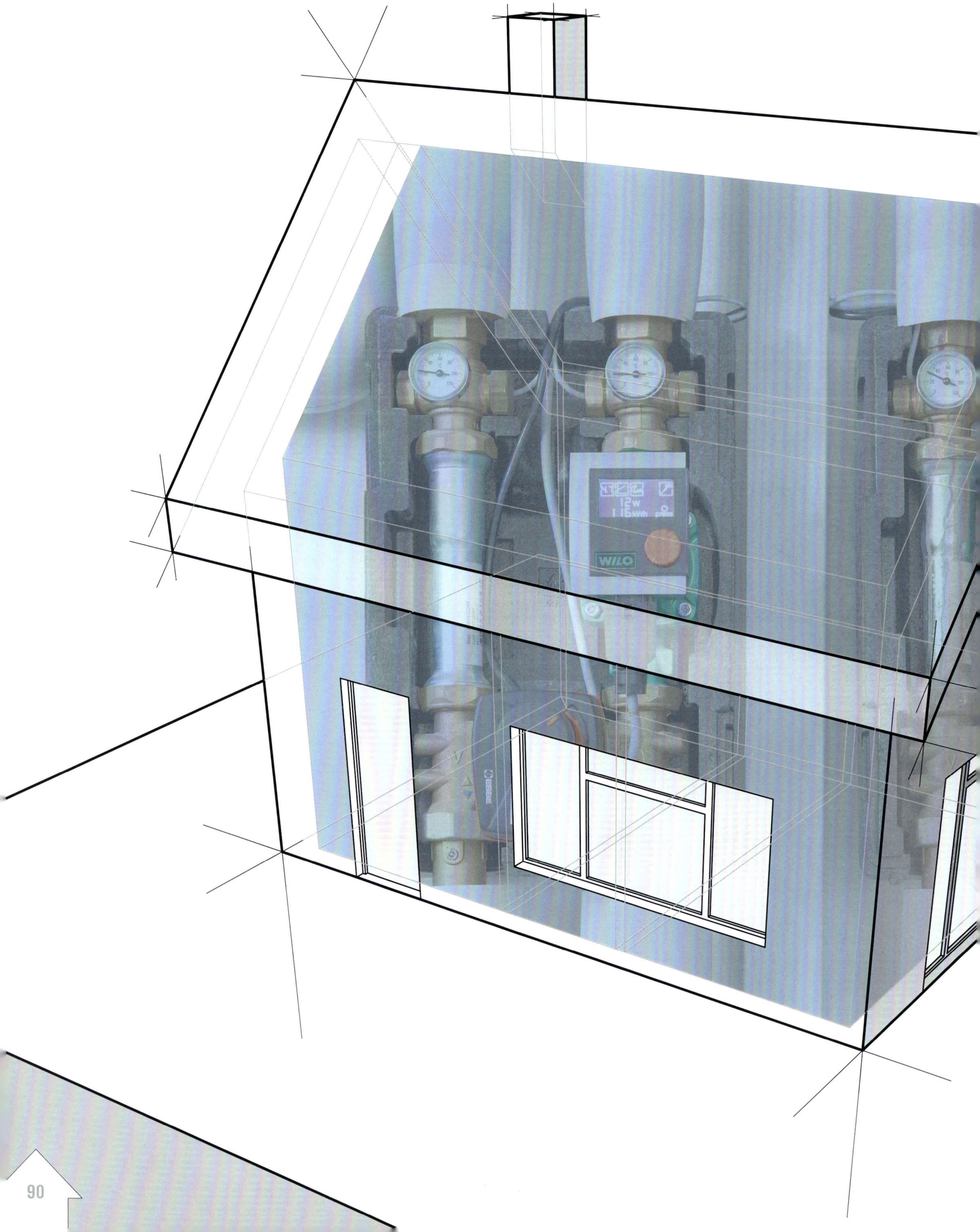
WILO

Die Gebäudetechnik

Sorgsamer Umgang mit Energie und Ressourcen

Etwa 85 % der in Privathaushalten verbrauchten Energie geht auf das Konto von Heizung und Warmwasser. Der Verbrauch an elektrischer Energie steigt jedes Jahr weiter an – allein der Betrieb von Küchengeräten macht rund ein Viertel des Stromverbrauchs in einem Haushalt aus, dazu kommen Fernseher, Computer und weitere Geräte, die häufig ungenutzt im Stand-by-Betrieb laufen und so dauernd Strom aus der Steckdose ziehen. Alles in allem benötigt ein Vierpersonenhaushalt durchschnittlich etwa 4.000 kWh elektrischer Energie pro Jahr. Um den Verbrauch von Heizenergie zu senken, sind zwei Faktoren entscheidend: eine gut gedämmte Gebäudehülle und eine effizient arbeitende Heizungsanlage. Bei Neubauten mit einer Fläche von mehr als 50 m² sind Sie laut Erneuerbare-Energien-Gesetz (EEG) dazu verpflichtet, einen bestimmten Prozentsatz des jährlichen Wärme- und Kältebedarfs aus erneuerbaren Energien zu gewinnen.

Vaillant
Auto
3°C
15:34
20,0°C
Desired temperature 21,5°C
Menu
Mode

Moderne Heizanlagen lassen sich über ein mobiles Steuerpaneel individuell regeln.

Die Wahl des Heizsystems

Die Wahl des geeigneten Heizsystems hängt unter anderem davon ab, ob es sich um einen Neubau oder die Sanierung eines Altbaus mit bereits vorhandenem Heizsystem handelt, und außerdem davon, ob Sie eine Flächenheizung, d. h. eine Fußboden- oder Wandheizung, bevorzugen oder eher klassische Heizkörper schätzen. Flächenheizungen benötigen eine Vorlauftemperatur von nur 35 °C, weshalb sich hierfür besonders gut regenerative Energiequellen eignen. Heizsysteme, die mit regenerativen Energien betrieben werden, sind wiederum meist nur im Zusammenhang mit Flächenheizungen wirtschaftlich. Des Weiteren spielen bei der Wahl des Heizsystems die örtlichen Gegebenheiten mit möglicherweise vorhandenen Fernwärmeleitungen eine Rolle, der Standort, die Grundstücksgröße, die Bodenbeschaffenheit und nicht zuletzt die Kosten.

Wenn Sie überlegen, auf regenerative Energiequellen umzustellen, sollten Sie wissen, dass die dafür benötigten Heizungen zwar in der Anschaffung teurer als fossil betriebene Heizsysteme sind, im Betrieb dafür aber sehr kostengünstig. Vergleichen Sie die Kosten der unterschiedlichen Systeme miteinander und denken Sie daran, dass Sie bei einer Öl- oder Gasheizung einen Schornstein benötigen, ebenfalls bei einer Holzpellet-Heizung. Wie auch immer Sie sich entscheiden – das Bundesamt für Wirtschaft und Ausfuhrkontrolle (BAFA) gewährt Zuschüsse bei der Optimierung Ihres alten Heizsystems, beim Umstieg auf regenerative Energiequellen und bei der Installation einer Solaranlage.

Wandflächen- oder Fußbodenheizung?

Beide Varianten bieten aufgrund der großflächigen Strahlungswärme ein sehr behagliches Wohnklima. Im Sommer eignen sie sich auch zum Kühlen der Räume.

Fußbodenheizungen

sind sehr angenehm beim Barfußlaufen und daher für Bäder besonders gut geeignet. Sie reagieren auf Temperaturschwankungen eher träge, und der Bodenbelag muss auf die Fußbodenheizung abgestimmt sein.

Wandheizungen

bieten den Vorteil, dass die Strahlungswärme von der Seite kommt, was besonders behaglich ist – ein ähnlicher Effekt wie beim Kachelofen. Wandheizungen wirbeln so gut wie keinen Staub auf und sind weniger träge als Fußbodenheizungen. Allerdings dürfen an die betreffenden Wände keine Möbel gestellt werden, und beim Setzen von Dübeln ist besondere Vorsicht angesagt.

Die Rohrleitungen werden dazu mit einer Temperaturfolie geortet. Nägel und Dübel können dann relativ problemlos zwischen den Leitungen angebracht werden.

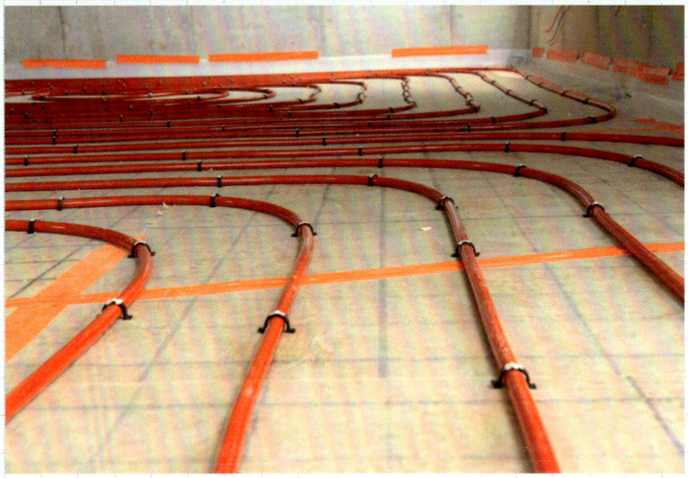

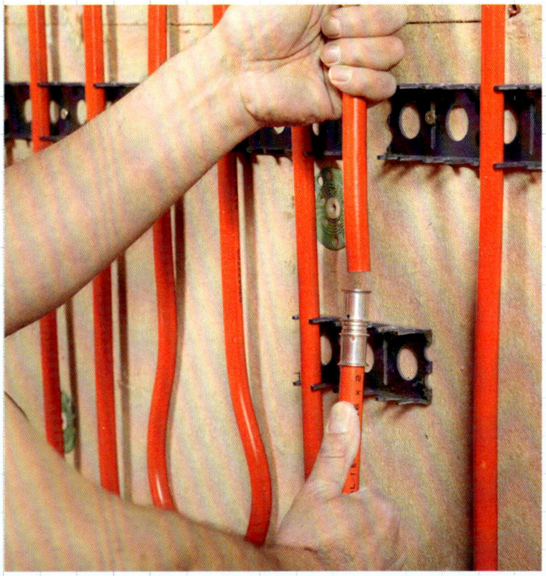

Oben: Die Heizschlangen der Fußbodenheizung werden im Estrich verlegt.

Mitte und unten: Bei einer Wandheizung werden die Heizschlangen mit Rohrschellen befestigt und anschließend eingeputzt.

Oben: Öl-Förderung in der Nordsee.

Rechte Seite: Brennwertgeräte sind klein und benötigen auch im Badezimmer nur wenig Platz.

Heizen mit fossilen Energiequellen

Besonders in älteren Einfamilienhäusern wird häufig noch mit Erdöl geheizt. Ganz abgesehen vom hohen Aufwand für Förderung, Transport und Lagerung des Öls sowie vom CO_2-Ausstoß, sind Standard-Ölheizungen auch deswegen nicht effektiv, weil mit den Abgasen Wärme ungenutzt verloren geht. Gasheizungen erzeugen zwar weniger CO_2, da Gas sauberer verbrennt als Erdöl, sie verschwenden aber ebenfalls wertvolle Wärme mit den Abgasen. Mit beiden Brennstoffen sind Sie abhängig von den vorhandenen Ressourcen und den Marktpreisen. Mit Gas zu heizen ist dabei allemal besser als mit Erdöl: es ist umweltfreundlicher, kostengünstiger und Sie benötigen keinen Lagerraum.

Wenn Sie beim Altbau auf fossile Brennstoffe nicht verzichten möchten, können Sie schon mit geringen Investitionskosten durch den Einbau leistungsgerechter Pumpen und einem sogenannten hydraulischen Abgleich (siehe Kasten), bei dem die Steuerung der Heizung und die Einstellung der Thermostat-Ventile optimiert werden, große Einsparungen erzielen. Eine weitere Möglichkeit besteht darin, Ihr Heizsystem auf Brennwerttechnik umzustellen.

Brennwertheizungen

Brennwertheizungen sind hoch effektiv, ihr Nutzungsgrad reicht je nach Berechnungsart bis über 100 %. Im Gegensatz zu herkömmlichen Heizungsanlagen wird bei der Brennwerttechnik die in den Abgasen enthaltene Kondensationswärme ebenfalls zum Heizen genutzt, was zu einer nahezu verlustfreien Ausbeute des verwendeten Brennstoffs führt. Der in Heizöl und Erdgas enthaltene Wasserstoff verbindet sich bei der Verbrennung mit Sauerstoff und wird zu Wasser, das verdampft. Der Wasserdampf entweicht jedoch nicht ungenutzt durch den Schornstein, sondern wird abgekühlt, bis er kondensiert. Die dabei freiwerdende Wärme wird ebenfalls dem Heizsystem zugeführt. Wenn Sie sich für fossile Brennstoffe entscheiden, lohnt es sich, Ihre alte Anlage auf moderne Brennwerttechnik umzurüsten bzw. im Neubau von vornherein eine Gasbrennwertheizung einzubauen.

Hydraulischer Abgleich

Damit alle Heizkörper im Haus gleichermaßen mit Wärme versorgt werden und nicht der erste Heizkörper zu warm wird und der letzte kalt bleibt, muss der Strömungswiderstand der Leitungen für jeden Heizkörper identisch sein. Dazu werden die Thermostat-Ventile so eingestellt, dass der Durchfluss begrenzt wird, und auch die Steuerung der Heizungsanlage wird entsprechend optimiert. Dieses Vorgehen nennt man hydraulischer Abgleich.

Heizen mit regenerativen Energiequellen

Mit regenerativ gewonnen Energien zu heizen ist zweifellos am umweltfreundlichsten und Sie sparen damit erheblich Heizkosten. Sie haben die Wahl zwischen Heizungen, die mit Pellets (z. B. Holz-, Raps-, Biomasse-, Getreidestroh-Pellets) oder Hackschnitzeln betrieben werden, Wärmepumpen, Eisspeicherheizungen und Solarthermie.

Holzpellet-Heizungen

Holz gehört als nachwachsender Rohstoff zu den regenerativen Energieträgern, gilt als CO_2-neutral und ist im Vergleich zu fossilen Brennstoffen relativ preiswert. Im Gegensatz zu Holzheizungen, die mit Stückholz befeuert werden, können Pelletheizungen mit Brennwerttechnik betrieben werden. Sie haben somit einen hervorragenden Wirkungsgrad und sind entsprechend wirtschaftlich. Holzpellets werden aus gepressten Säge- oder Hobelspänen hergestellt und im Haus gelagert. Dafür ist pro Kilowatt Heizlast ein ca. 1 m³ großer Lagerraum nötig. Pelletöfen können entweder manuell oder vollautomatisch über ein Ansaugrohr befüllt werden. Liebhaber von Kaminfeueratmosphäre können einen Pelletofen mit Glasfront für das Wohnzimmer wählen. So sparen sie einen zusätzlichen Kaminofen.

Oben: Holzpellets: kleine Presslinge aus naturbelassenen Hobel- und Sägespänen.

Links: Holzpellet-Öfen mit Sichtfenster können wie ein Kaminofen im Wohnraum Gemütlichkeit verbreiten.

Rechte Seite: Wärmepumpe mit integriertem Trinkwasser-Speicher und mit Kühlfunktion.

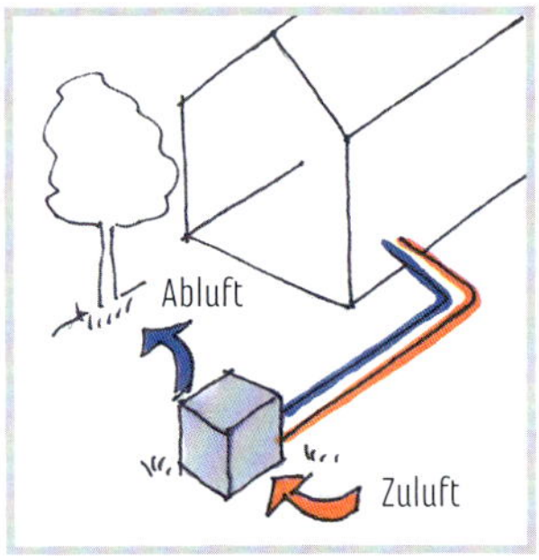

Luftwärmepumpe:

Eine Luftwärmepumpe ist die kostengünstigste Variante einer Wärmepumpe, jedoch etwas weniger effektiv, da für alle Wärmepumpen gilt: Je geringer der Temperaturunterschied zwischen Wärmequelle und erforderlicher Temperatur im Haus, desto effektiver kann die Wärmepumpe arbeiten, d. h. sie benötigt weniger Strom.

Jahresarbeitszahl

▷ **Wie wirtschaftlich ist eine Wärmepumpe?**

Je nach Wärmequelle liefert eine Wärmepumpe bis zu viermal so viel Wärmeenergie, wie sie im selben Zeitraum an elektrischer Energie zum Betrieb benötigt. Dieses Verhältnis zwischen eingesetzter und bereitgestellter Energie bezeichnet man als Jahresarbeitszahl. Sie gibt zusammen mit den Vorlauftemperaturen Auskunft über den Wirkungsgrad und die Wirtschaftlichkeit einer Wärmepumpe. Wärmepumpen mit der Jahresarbeitszahl 4 sind sehr effizient und im Betrieb preiswert. Kosten entstehen in erster Linie durch den Einbau der Wärmepumpe.

Wärmepumpen

Wärmepumpen nutzen ganzjährig Wärme aus Erde, Wasser oder Außenluft. Sie benötigen allerdings elektrische Energie für den Antrieb, weshalb sich die Kombination mit einer Photovoltaik-Anlage anbietet. So heizen Sie Ihr Haus umweltfreundlich und zudem weitgehend unabhängig von externen Stromlieferanten.

Funktionsweise von Wärmepumpen

Wenn eine Wärmepumpe der Erde, dem Wasser oder der Luft Wärme entzieht, funktioniert sie wie ein umgekehrter Kühlschrank: ein flüssiges Kältemittel verdampft unter Druck schon bei geringen Temperaturen und speichert die dabei freiwerdende Wärmeenergie. Durch das Komprimieren des Wasserdampfs im Verdichter steigen die Temperaturen nochmals an, insgesamt auf ca. 35 °C. Diese Temperatur genügt für den Betrieb von Flächenheizungen wie Fußboden- oder Wandheizungen. Kühlt das Kältemittel unter Verringerung des Drucks ab, wird es wieder flüssig und kann neue Wärme aufnehmen. Erd- und Grundwasser-Wärmepumpen können im Sommer auch zum Kühlen eines Gebäudes eingesetzt werden.

Luft/Wasser-Wärmepumpen

Luft/Wasser-Wärmepumpen saugen über einen Ventilator Außenluft an und entziehen ihr Wärme. Dies funktioniert auch bei Minusgraden. In sehr kalten Wintern kann die Luftwärmepumpe allerdings an ihre Leistungsgrenze gelangen. Luftwärmepumpen benötigen wenig Platz, können innen wie außen aufgestellt werden und sind eine preiswerte Alternative zu Erd- oder Grundwasser-Wärmepumpen. Sie eignen sich besonders gut für Gebäude mit sehr dichter Außenhülle, wie z. B. Passivhäuser, da diese kaum Wärme verlieren und somit relativ wenig Heizenergie benötigen. Da Luftwärmepumpen je nach Ausführung mehr oder weniger starke Ventilator- und Strömungsgeräusche verursachen können, sollten sie nicht direkt zum Nachbarn hin aufgestellt werden. Zudem müssen die Lärmschutzgrenzwerte in Wohngebieten beachtet werden.

Wasser/Wasser-Wärmepumpen

Als Energieträger für Wasser/Wasser-Wärmepumpen dient Grundwasser, das aufgrund seiner konstanten Temperatur von rund 10 °C für eine sehr effiziente Betriebsweise der Wärmepumpe sorgt. Für die Entnahme von Grundwasser bedarf es allerdings einer wasserrechtlichen Genehmigung

geoTHERM plus

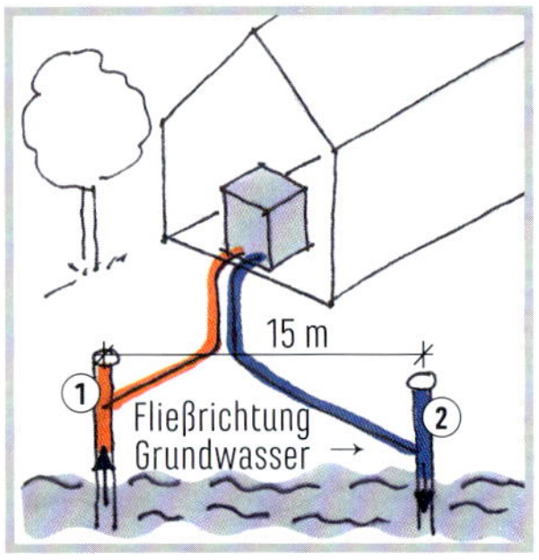

① Förderbrunnen

② Schluckbrunnen

Wasser/Wasser-Wärmepumpe:

Eine Grundwasser-Wärmepumpe bietet das beste Kosten-Nutzen-Verhältnis, wenn folgende Bedingungen erfüllt werden können: der Abstand zwischen Förder- und Schluckbrunnen muss ca. 15 m betragen, ihre jeweilige Lage ist abhängig von der Fließrichtung des Grundwassers. Für die Bohrung muss eine Genehmigung des Wasserwirtschaftsamts vorliegen.

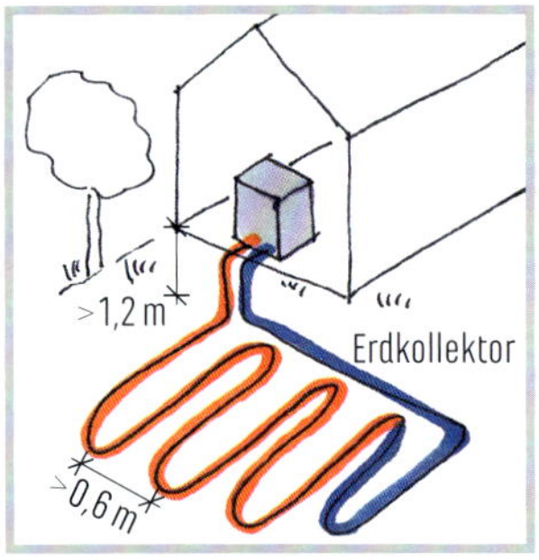

Erdwärmekollektor:

Bei großen Grundstücken mit wenig Baumbestand ist die Erdkollektor-Wärmepumpe eine gute Variante. Mindesttiefe der Leitungen 1,20 m unter Gelände (Frostsicherheit!). Der Abstand der Leitungen untereinander hängt von der Wärmespeicherfähigkeit des Bodens ab. Sand ist in dieser Hinsicht ungünstiger, Lehm besser. Zu dicht verlegte Kollektoren können im Winter vereisen, wenn dem Erdreich zu viel Wärme entzogen wird.

und der Grundwasserspiegel sollte nicht zu tief liegen. Für den Betrieb der Wärmepumpe sind zwei Brunnenbohrungen nötig: für einen Förderbrunnen sowie einen Schluckbrunnen zur Rückführung des Wassers. Grundwasser-Wärmepumpen eignen sich im Sommer auch zum Kühlen des Gebäudes.

Sole/Wasser-Wärmepumpen

Diese Variante der Wärmepumpe nutzt die Wärme des Erdreichs. Dafür werden abhängig vom verfügbaren Platz auf dem Grundstück entweder horizontale Wärmetauscher (Erdwärmekollektoren) oder vertikale Wärmetauscher (Erdsonden) verwendet.

Erdwärmekollektoren

Die Kollektoren werden in einer Tiefe von 1 bis 2 m unter der Grundstücksoberfläche horizontal verlegt. Für diese flächenintensive Variante muss das Grundstück ausreichend groß sein. Das Verlegen von Flächenkollektoren ist häufig kostengünstiger als eine Tiefenbohrung. Allerdings muss die Fläche über den Kollektoren frei bleiben. Sie darf nicht versiegelt werden, damit der Boden durch Sonne, Regen und Versickerung in seinem natürlichen Zustand erhalten bleibt, und es dürfen dort auch keine Bäume gepflanzt werden, weil die Wurzeln das Rohrsystem beschädigen könnten.

Erdsonden

Erdsonden werden mittels Tiefenbohrung 50 bis 100 m tief in den Boden eingebracht. Da dies einen Eingriff ins Erdreich darstellt, ist die Bohrung genehmigungspflichtig. Das Verlegen der Erdsonden beansprucht nicht viel Fläche und ist daher für kleine Grundstücke geeignet. Die Bohrung ist allerdings mit höheren Kosten verbunden als die horizontale Verlegung, da sie einen Eingriff ins Erdreich darstellt. Dafür ist mit einer ganzjährig konstanten Leistung der Wärmepumpe durch die große Tiefe der Sonden und den dort konstanten Temperaturen des Erdreichs zu rechnen.

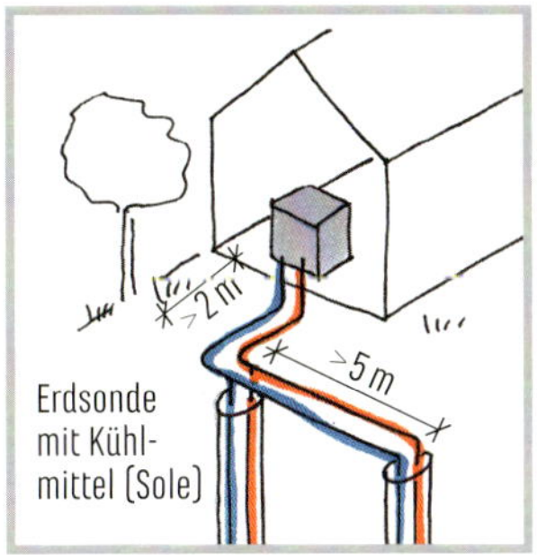

Erdsonde:

Alternativ zu Flächenkollektoren können auch Erdsonden tief in der Erde verlegt werden. Der Wirkungsgrad ist höher, denn die Temperatur steigt pro 30 m um 1 Kelvin, die Tiefenbohrung (ca. 50 bis 400 m je nach Beschaffenheit des Untergrunds) ist jedoch teuer und bedarf eines geologischen Gutachtens mit Genehmigung.

Solar-Eisspeicher

Eisspeicherheizungen nutzen die beim Gefrieren von Wasser freiwerdende Wärme. Dafür werden in dem als Eisspeicher bezeichneten Wassertank spiralförmig Rohre angeordnet, die einen Wärmeträger enthalten. Über eine Wärmepumpe wird dem Wasser so lange Wärme entzogen, bis es gefriert. Der Eispeicher nutzt also die beim Phasenübergang von Wasser zu Eis freiwerdende Energie, der Wassertank dient als Latentwärmespeicher. Eisspeicherheizungen werden mit Solarthermie kombiniert. Die thermische Solaranlage sorgt durch Zufuhr von Wärme dafür, dass sich der Latentwärmespeicher regeneriert, im Sommer trägt dazu auch die überschüssige Wärme im Haus bei. Eisspeicherheizungen stellen eine technisch relativ einfache Möglichkeit dar, ohne CO_2-Belastung Wärme zu erzeugen. Eine Genehmigung wie bei Erdbohrungen oder bei der Nutzung des Grundwassers ist dafür nicht erforderlich.

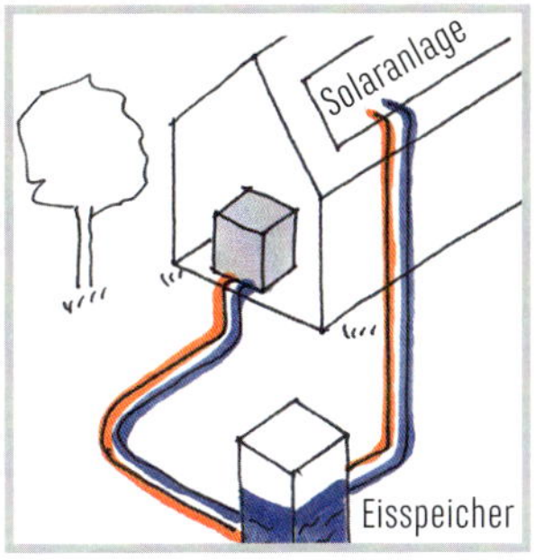

Solar-Eisspeicher:

Für 1 kW Heizleistung sind ca. 1 m³ Speichervolumen in unterirdischen Tanks nötig. Im Sommer kann das Heizsystem auch zur natürlichen Kühlung genutzt werden, indem nur das kalte Wasser durch die Leitungen strömt.

Linke Seite: **Sole/Wasser-Wärmepumpe**

Links: **Innenleben eines Eisspeichers**

Mini-Blockheizkraftwerke (BHKWs)

Unten: Digitale Steuerung der Heizanlage

Ganz unten: Mini-Blockheizkraftwerke für Einfamilienhäuser nehmen wenig Platz ein. Ein eigener Heizungsraum ist dafür nicht erforderlich.

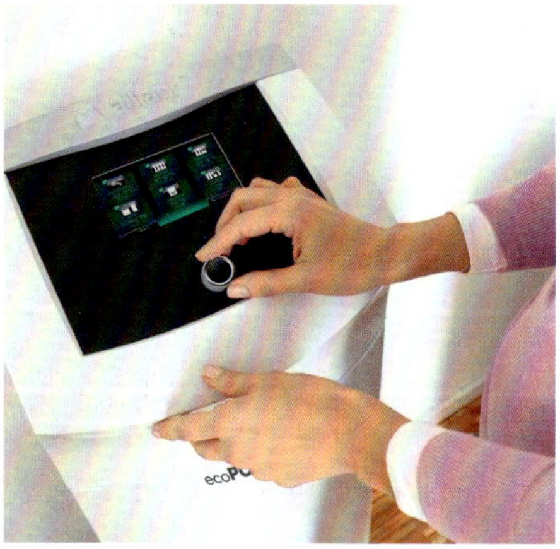

Mini-BHKWs sind Blockheizkraftwerke bis zu einer elektrischen Leistung von 10 kW pro Jahr, weshalb sie sich sehr gut für Einfamilienhäuser eignen. Die Anlagen beruhen auf der sogenannten Kraft-Wärme-Kopplung und sind hocheffizient: während sie Strom erzeugen entsteht Abwärme, die zum Heizen genutzt wird. Da 90 % der eingesetzten Energie in Strom und Wärme umgewandelt wird, sind BKHWs umweltfreundlich. Weil sie aber vor allem dann wirtschaftlich sind, wenn sie möglichst konstant laufen, sollte der Wärmebedarf bei mindestens 15.000 kWh pro Jahr liegen. Meist wird ein Mini-Blockheizkraftwerk mit Erdgas betrieben, aber auch Heizöl oder Holz eignen sich als Energieträger. Durch einen speziellen Stromzähler kann der Strom entweder direkt dem Haushalt zugeführt oder bei Überschuss gegen Vergütung ins öffentliche Stromnetz eingespeist werden. Eine weitere Möglichkeit bietet die Betankung eines Elektroautos, eines Elektrofahrrads (E-Bike) oder eines Pedelecs, d. h. eines Fahrrads mit unterstützendem Elektroantrieb. Die Anschaffung eines Mini-BHKW wird vom Bundesamt für Wirtschaft und Ausfuhrkontrolle (BAFA) finanziell gefördert.

Solarsysteme – Sonnenenergie frei Haus

Die Sonne liefert umweltfreundlich und kostenlos Energie und ist für jeden frei verfügbar. Sonnenenergie kann jedes Heizsystem unterstützen und zugleich einen großen Teil der jährlichen Warmwasserbereitung übernehmen.

Es gibt zwei Arten, Sonnenenergie zu nutzen: mittels Solarthermie wird Wärme erzeugt, mittels Photovoltaik elektrische Energie. Solarthermie- und Photovoltaik-Module können auf geneigten Dächern, auf Flachdächern und an Fassaden oder Balkonbrüstungen angebracht werden. Allerdings sollten die Module nicht beliebig auf dem Dach angeordnet werden, sonst sieht die Dachfläche leicht wie ein Flickenteppich aus. Wenn Sie die Solarpaneele hingegen vollflächig in die Dachhaut integrieren, führt das zu einem harmonischen und eleganten Erscheinungsbild. Die PV-Module müssen dabei zur Kühlung hinterlüftet werden. Ideal ist die Ausrichtung der Paneele nach Süden, aber auch an der nach Osten oder Westen orientierten Dachfläche sind relativ wirtschaftliche Energieerträge möglich. Flachdächer eignen sich ebenfalls gut zum Gewinnen von Sonnenenergie, wenn die Solarpaneele leicht nach Süden aufgeständert montiert werden.

Elektromobilität

Ihr Elektroauto können Sie zu Hause kostenlos „betanken" – die Photovoltaik-Anlage auf Ihrem Hausdach versorgt die Batterie Ihres Fahrzeugs über eine Ladestation in der Garage mit elektrischer Energie. Umgekehrt können Sie den im Auto gespeicherten Strom bei Bedarf wieder Ihrem Haus zuführen. Vielleicht ist aber auch ein Pedelec, ein Fahrrad mit Elektro-Unterstützung, das Richtige für Sie? Sie fahren praktisch immer mit Rückenwind, treten nur ganz leicht in die Pedale und kommen, anders als beim Elektro-Auto, auch mit leerer Batterie vom Fleck.

① Warmwasserspeicher

② Heizungskessel

Solar-Anlage:

Zur Warmwasserbereitung für ein Wohngebäude mit 100 m² Nutzfläche ist je nach Ausrichtung, Speichergröße und Art der Kollektoren eine Fläche von 3 bis 4 m² für die Kollektoren erforderlich.

Soll auch das Wasser für die Fußbodenheizung erwärmt werden, erhöht sich die benötigte Fläche deutlich.

Solarthermie

Solarthermie-Anlagen bestehen aus Absorbern, die von einer Flüssigkeit als Trägermedium umspült werden. Dieses führt die durch die Sonne erzeugte Wärme zu einem Wassertank, der als Wärmespeicher dient. Solarthermie eignet sich hervorragend zur Trinkwassererwärmung, gleichzeitig kann sie heizungsunterstützend eingesetzt werden. Dazu verhilft ein sogenannter bivalenter Solarspeicher. Er enthält zwei Wärmetauscher, von denen einer mit der Solaranlage und der andere mit der Heizungsanlage verbunden ist. Liefert die Sonne nicht genügend Wärme, um den Heizungsbedarf zu decken, übernimmt dies automatisch die Heizungsanlage. Ist der Wassertank genügend groß dimensioniert und gut isoliert, können Sie Ihr Haus als „Sonnenhaus" sogar vollständig über Solarthermie beheizen. Diese Variante, vor allem in Kombination mit Photovoltaik, macht es möglich, ein Haus weitgehend energieautark zu betreiben. Die Größe des Wassertanks richtet sich nach der regional durchschnittlichen Sonnenscheindauer im Jahr.

Bei der Solarthermie unterscheidet man zwei Arten von Kollektoren: Flachkollektoren und Vakuumröhrenkollektoren. Beiden liegt dasselbe Funktionsprinzip zugrunde: durch kleinere Röhren, die in größere eingebettet sind, fließt das Trägermedium. Bei den Vakumröhrenkollektoren umgibt die kleineren Röhren ein Vakuum, sodass sie besser von der Außenluft isoliert sind. Der Wirkungsgrad liegt dadurch 30 % höher als der von Flachkollektoren, in der Anschaffung sind sie allerdings teurer.

Oben: Vakuum-Röhrenkollektoren auf dem Flachdach.

Rechts: Im Pufferspeicher wird die vom Kollektor kommende überschüssige Wärme gesammelt und bei Bedarf abgegeben.

Rechte Seite: Aufdachmontage von PV-Modulen. Die Montageschienen sind an Dachhaken befestigt, die ihrerseits an die Sparren geschraubt werden.

Wie viel Fläche nehmen Photovoltaik-Module ein?

Ein Einfamilienhaus mit vier Bewohnern benötigt im Durchschnitt etwa 4.000 kWh elektrischer Energie pro Jahr. Eine Photovoltaik-Anlage mit einer Nennleistung von 1 kWp pro Jahr kann bis zu 1.000 kWh elektrischer Energie erzeugen. Die dafür benötigte Fläche beträgt rund 10 m². Für einen Vier-Personen-Haushalt sollte eine PV-Anlage eine Leistung von 4 kWp haben, wenn sie die komplette Stromversorgung im Jahresmittel übernehmen soll. Die dafür benötigte Fläche auf dem Dach oder an der Fassade würde dann ca. 40 m² betragen.

Photovoltaik

Mit Photovoltaik können Sie den im Haushalt und für den Betrieb der Heizungsanlage benötigten Strom überwiegend selbst erzeugen. Da die Sonne aber vor allem im Winter nicht immer scheint, können gerade dann Versorgungslücken entstehen, wenn die Wärmepumpe zum Heizen Strom benötigt. Und da die verfügbaren Stromspeicher meist für größere Strom-

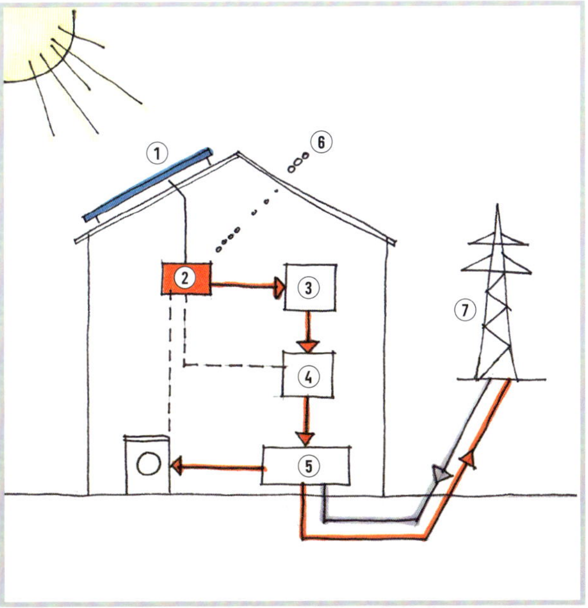

① PV-Modul
② Intelligente Steuerung
③ Batteriespeicher
④ Wechselrichter
⑤ Intelligenter Stromzähler (Smart Meter)
⑥ Smart Grid
⑦ Öffentliches Stromnetz

Photovoltaik-Anlage:

Man unterscheidet zwischen netzgekoppelten und netzfernen Systemen, sogenannten Insellösungen, bei denen der erzeugte Strom auch selbst verbraucht wird (Beispiel Berghütte).

Überschüssiger Strom wird dabei mithilfe von Akkumulatoren, d. h. Batterien, gespeichert.

Da die Kapazität der Batterien nicht sehr hoch ist bzw. große Akkus sehr teuer sind, ist es bisher günstiger, den Strom ins Netz einzuspeisen.

Neue intelligente Systeme sind eine Kombination aus beiden Varianten und entscheiden, wie die erzeugte Energie am besten zum Einsatz kommt, ob als Direktverbrauch oder in Form von Akkuspeicherung oder Einspeisung.

mengen nicht geeignet und zudem teuer sind, sollten Sie auf den Anschluss ans öffentliche Stromnetz nicht verzichten.

Photovoltaik-Module bestehen aus Halbleitermaterialien, die Sonnenlicht in Gleichstrom umwandeln. Mithilfe von Wechselrichtern wird dieser dann in Wechselstrom mit einer Spannung von 230 V umgerichtet. Den so erzeugten Strom können Sie ins öffentliche Netz einspeisen oder direkt dem Haushalt zuführen. Derzeit wird das Einspeisen ins Netz noch in Form einer Einspeisevergütung belohnt (12,31 Cent pro kWh, Stand September 2015). Die Tarife nehmen jedoch kontinuierlich ab.

Ideal ist die Kombination einer Photovoltaik-Anlage mit einer Wärmepumpe. So versorgen Sie Ihr Haus ausschließlich regenerativ mit Wärme und Strom. Sie sparen erheblich Kosten ein und leisten einen aktiven Beitrag zum Klimaschutz.

Was leistet eine Photovoltaik-Anlage?

Die Leistung einer Photovoltaik-Anlage wird als sogenannte Nennleistung in Kilowatt-Peak (kWp) angegeben. Die Nennleistung ist ein Wert, der unter standardisierten Bedingungen entsteht. Dazu wird eine Solarstrahlung von 1.000 W pro Quadratmeter und eine Temperatur der Solarzelle von 25 °C zugrunde gelegt. Die reale Leistung einer PV-Anlage richtet sich natürlich nach den Bedingungen des jeweiligen Standorts, daher dient die Nennleistung lediglich dem Vergleich von Solarmodulen.

Unten: Wechselrichter (linkes Gerät) zum Umrichten des erzeugten Gleichstroms in Wechselstrom. Batterie (rechtes Gerät) zum Speichern der gewonnenen elektrischen Energie.

Thema im Fokus

Intelligent Strom sparen

Um den Stromverbrauch zu senken, steht das Nutzerverhalten an erster Stelle – meist lässt sich ohne nennenswerte Komforteinbußen Strom sparen, z. B. durch das Verwenden von Steckerleisten, die sich abschalten lassen oder durch den Verzicht auf einen dauernden Stand-by-Betrieb von Geräten. Darüber hinaus zeigt sich ein spürbarer Effekt bei der Stromrechnung, wenn Sie hocheffiziente Haushaltsgeräte mit dem Label A+++ verwenden.

Von einer Photovoltaik-Anlage profitieren Sie optimal, wenn Sie Ihren Strombedarf am Angebot orientieren und Ihre Haushaltsgeräte darauf abstimmen. Konkret kann das bedeuten, Spülmaschine und Wäschetrockner möglichst bei Sonnenschein laufen zu lassen und nicht nach Einbruch der Dunkelheit. Sagt der Wetterbericht Sonne z. B. erst ab mittags voraus, wenn Sie bereits außer Haus sind, können Sie Ihre Haushaltsgeräte entsprechend programmieren, sodass sie zu einem bestimmten Zeitpunkt automatisch anlaufen. Und vielleicht können Sie bei näherer Betrachtung ja auf besonders stromfressende Geräte sogar verzichten?

Rechts: Zentralgerät der Lüftungsanlage im Haustechnikraum

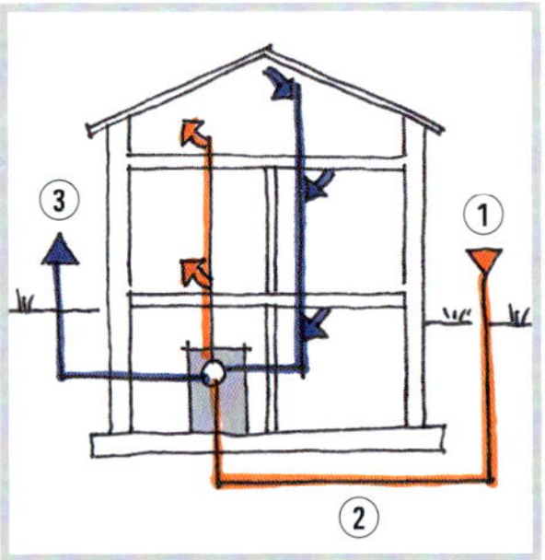

① Zuluft

② Erdkanal zur Vorkonditionierung der Luft

③ Abluft

Kontrollierte Wohnraumlüftung:

Die Außenluft wird angesaugt, evtl. über einen Erdkanal vorgewärmt und in den Wärmetauscher geführt. Dort wird die Lufttemperatur an die eingestellte Innenraumtemperatur angepasst. Im Sommer kann die Luft aus dem Erdkanal zur Kühlung des Hauses genutzt werden.

Lüftungsanlagen – Geräte zur komfortablen Wohnraumlüftung

In neuen Gebäuden mit sehr dichter Hülle findet kein ausreichender natürlicher Luftaustausch statt. Eine sporadische Fensterlüftung reicht dann nicht mehr aus, um verbrauchte Luft und Luftfeuchtigkeit abzuführen. Dies muss dann eine Lüftungsanlage, auch Anlage zur komfortablen Raumlüftung genannt, übernehmen. Sie sorgt rund um die Uhr vollautomatisch für den nötigen Luftaustausch. Die Frischluft kommt vorgewärmt und dank Filter sauber und pollenfrei ins Haus. Anders als bei Klimaanlagen entstehen keine Zugerscheinungen und die zugeführte Luftmenge lässt sich individuell einstellen. Mit der Abluft wird auch überschüssige Feuchtigkeit nach außen abgeführt. Lüftungsanlagen sind meistens mit einem System zur Wärmerückgewinnung ausgestattet. Dabei entzieht ein Wärmetauscher der Abluft mehr als 90 % der Wärme und führt sie der Frischluft wieder zu. So geht im Haus keine Wärme verloren, im Gegenteil, die Lüftungsanlage kann die Heizung unterstützen und im Sommer auch zum Kühlen der Räume beitragen.

Funktionsweise von Lüftungsanlagen

Die Frischluft strömt zunächst durch einen Filter, der je nach Ausführung auch Pollen abhalten kann, und dann durch einen Wärmetauscher, der für die Vortemperierung der Frischluft sorgt. Über ein Verteilersystem sowie Auslassdüsen gelangt die Luft schließlich in die einzelnen Räume. Abluftöffnungen nehmen die feuchte und verbrauchte Luft auf, die über den Wärmetauscher abgeführt wird. Grundsätzlich wird in Wohn- und Schlafräume Frischluft zugeführt und über Küchen, Bäder und Toiletten die verbrauchte Luft abgeführt.

Dezentrale und zentrale Anlagen zur komfortablen Raumlüftung

Bei zentralen Lüftungsanlagen verteilt ein Zentralgerät frische Luft durch Lüftungskanäle gleichmäßig in alle Räume. Diese Variante ist Standard für den Neubau.

Für die Sanierung und den nachträglichen Einbau eignen sich auch dezentrale Lüftungsgeräte. Sie werden in einzelnen Räumen an der Außenwand montiert und die Rohre für Zu- und Abluft direkt nach draußen geführt, sodass keine Rohre im Haus verlegt werden müssen. Ein Gerät kann einen bis zu 40 m² großen Raum be- und entlüften.

Links: **Lüftungsgeräte sind sehr leise und können auch im Dachraum und an der Wand installiert werden.**

Unten: **Verlegen der Lüftungsrohre auf dem Rohboden. Der Bodenaufbau muss entsprechend hoch geplant werden.**

Vernetzung

Smart Grid – Intelligentes Stromnetz

Unter Smart Grid versteht man ein Stromnetz, das private und öffentliche Stromerzeuger, Stromspeicher und stromverbrauchende Netzkomponenten auf intelligente Art miteinander verbindet. Ziel dabei ist, Energieangebot und Nachfrage optimal aufeinander abzustimmen. Durch diese Vernetzung sollen die Energienetze gleichmäßiger ausgelastet und Kraftwerke effizienter betrieben werden. Für den Verbraucher besteht der wesentliche Vorteil darin, dass er das Stromangebot flexibel nutzen und von variablen Preisen profitieren kann. Ein intelligenter Stromzähler im Haus misst und speichert dabei den aktuellen Stromverbrauch und informiert gleichzeitig über den aktuellen Strompreis des Energieerzeugers.

Smart Home – Intelligente Gebäudetechnik

Zukünftig wird es in Neubauten selbstverständlich sein, dass alle technischen Anlagen miteinander vernetzt sind und automatisch gesteuert werden. Durch die Vernetzung können dann z. B. Haushaltsgeräte so gesteuert werden, dass sie Energie gerade dann verbrauchen, wenn das Energieangebot hoch bzw. die Energiepreise niedrig sind. Der beladene Wäschetrockner startet z. B. erst dann, wenn die Sonne scheint und Strom von der PV-Anlage auf dem Dach zur Verfügung steht. Der für die Steuerung zuständige Computer gibt unter anderem Auskunft über den aktuellen oder mittleren Stromverbrauch, die aktuelle Leistung der Solaranlage auf dem Hausdach und die jeweiligen Betriebskosten. Ein weiterer Vorteil der Vernetzung sämtlicher Anlagen und Endgeräte besteht darin, dass auch der Warmwasserverbrauch und die Heizung geregelt werden können. Dadurch erhöht sich bei maximaler Energieersparnis der Wohnkomfort. Mit einer derartigen technischen Ausstattung müssen Sie sich um fast nichts mehr kümmern. Sie können von überall aus Ihren Energieverbrauch im Haushalt überwachen, die Funktionen der einzelnen Anlagen individuell steuern und sämtliche Einstellungen jederzeit, auch von unterwegs, z. B. per Tablet-PC oder Smartphone, ändern.

Unten: Smart Home: Touchscreen zur digitalen Steuerung der gesamten Gebäudetechnik.

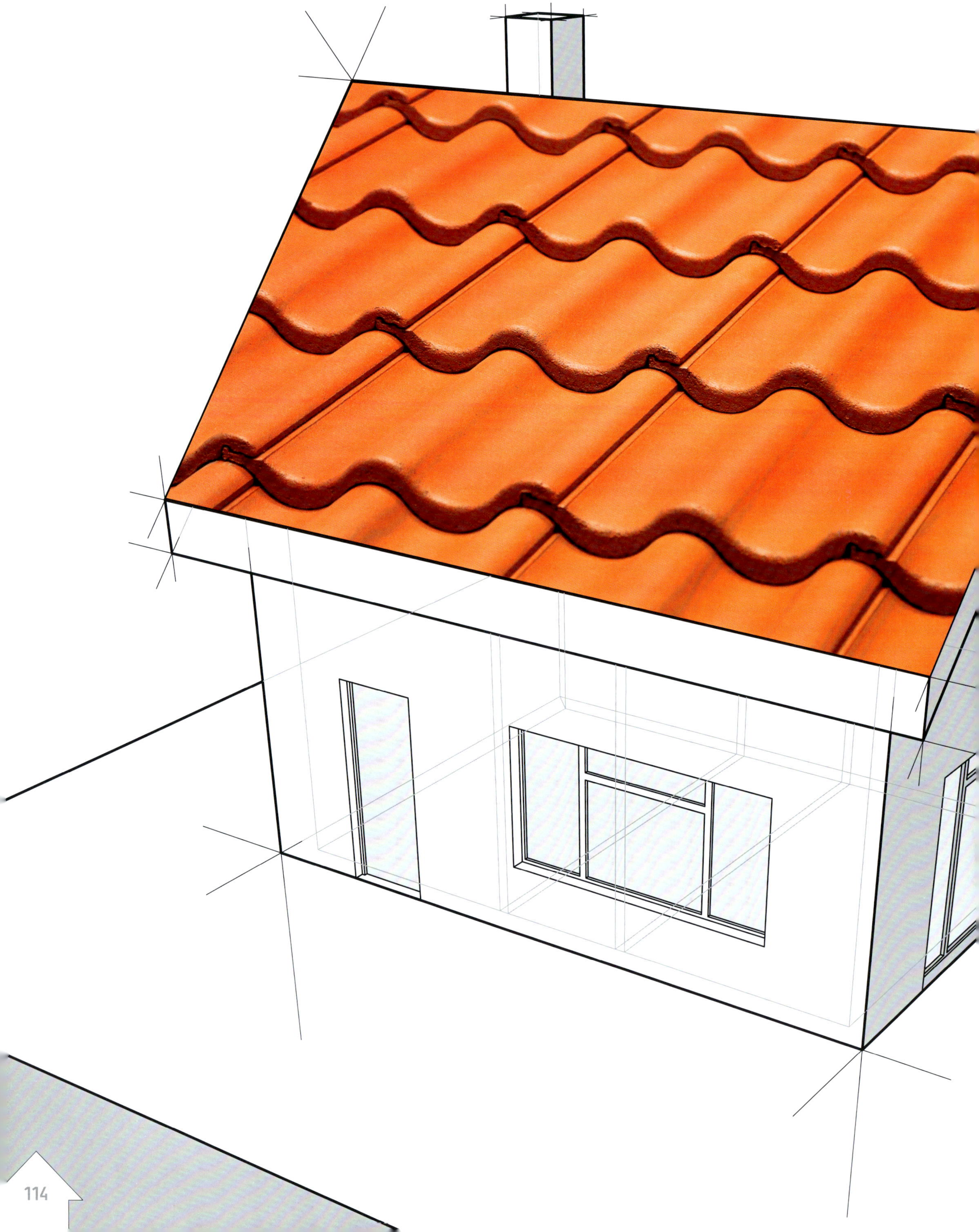

Das Dach

Schutzschild, Blickfang und Krönung des Hauses

Das Dach hat von allen Bauteilen die exponierteste Lage und ist Sonneneinstrahlung, Regen und Wind unmittelbar ausgesetzt. Gleichzeitig verleiht es durch seine Form und die verwendeten Materialien Ihrem Haus ein charakteristisches Erscheinungsbild. Ob Steildach oder Flachdach – ohne ausreichende Wärmedämmung geht über die Dachhaut bis zu 30 % der Wärme aus dem Hausinneren verloren, denn Wärme steigt nach oben. Umgekehrt heizt sich ein ungedämmtes Dach im Sommer übermäßig auf. Einen Mindestwärmeschutz für Wohnhäuser schreibt bereits die Energieeinsparverordnung (EnEV) vor, und in der neuen Fassung von 2014 verlangt sie sogar in bestimmten Fällen die Dämmung der obersten, über beheiztem Wohnraum liegenden Geschossdecke. Das komplette Dach zu dämmen lohnt sich allerdings in jedem Fall, weil Sie damit den Energiebedarf Ihres Hauses und somit Ihre Heizkosten drastisch senken. Ein weiterer Pluspunkt: das Wohnklima verbessert sich, weil starke Temperaturdifferenzen und Zugerscheinungen vermieden werden. Und ein gut gedämmtes Steildach, das mit Fenstern versehen ist, bietet zusätzlichen Wohnraum.

Oben: Wohnhaus und Scheune als bauliches Ensemble. Von einem Steildach spricht man ab einer Dachneigung von mehr als 20°.

Unten: Eine sorgfältige Planung ist das A und O jeder Dachkonstruktion.

Steildach

Steildächer haben gegenüber Flachdächern zwei wesentliche Vorteile: von Steildächern kann Regenwasser problemlos ablaufen und bei entsprechender Dachneigung können Sie den Raum darunter ausbauen und zusätzlich bewohnen. Steildächer gibt es in vielen unterschiedlichen Formen und Neigungen – so unterscheidet man z. B. Sattel-, Pult-, Walm-, Zelt- und Mansarddächer. Der Dachstuhl muss bei allen Dachformen so stabil sein, dass er das Eigengewicht, die Dachhaut, unter Umständen Schnee tragen und darüber hinaus Windlasten standhalten kann. Deshalb werden die auf dem Mauerwerk liegenden Balken, die sogenannten Fußpfetten, im Mauerwerk verankert und das Dachtragwerk ausgesteift. Hierfür kommen beim Steildach drei gängige Konstruktionen infrage:

Checkliste Dachausbau

- ▷ Wie soll der Dachraum genutzt werden?
- ▷ Welche Öffnungen (Gauben, Dachflächenfenster) sind vorgesehen?
- ▷ Welche Dachkonstruktion ist vorgegeben?
- ▷ Welche Maße haben die Sparren (Höhe x Breite)?
- ▷ Wie groß ist der Abstand dazwischen?
- ▷ Wie groß sind die Abstände zum Schornstein?
- ▷ Wie sieht der bestehende Dachaufbau aus? Sind Schalung und Dachpappe vorhanden oder sieht man von innen direkt auf die Dachziegel?
- ▷ Soll der Dachstuhl sichtbar bleiben?
- ▷ Wie wichtig ist der Schallschutz?
- ▷ Muss der Dachstuhl verstärkt werden? Wichtig: Die Begutachtung sollte durch einen Statiker erfolgen.
- ▷ Wie sehen die Anschlüsse zum Nachbarhaus aus (bei Reihenhaus oder Doppelhaushälfte)?
- ▷ Was fordert die EnEV (Energieeinsparverordnung) und gibt es Fördermöglichkeiten?

Konstruktionsarten

Sparrendach

Beim Sparrendach bilden jeweils zwei Sparren, die am First fest miteinander verbunden und am Fußpunkt verankert sind, zusammen mit der Decke ein formstabiles Dreieck – den sogenannten Sparrenbinder. Hintereinander angeordnet ergeben diese die Dachkonstruktion. Beim Sparrendach stören keine Querbalken, sodass sich der Dachraum hervorragend zum Ausbau eignet. Allerdings können Dachflächenfenster nicht flexibel angeordnet werden, sondern müssen in Abmessung und Lage den festgelegten Sparrenabständen entsprechen. Aus statischen Gründen muss ein Sparrendach eine Dachneigung von mindestens 30° haben, wodurch die Spannweiten der Sparrenbinder begrenzt sind.

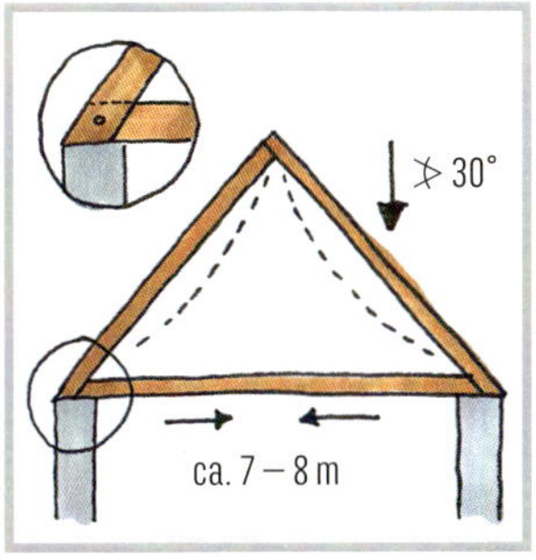

Sparrendach: Dachneigung mind. 30°, Spannweite 7–8 m, eignet sich gut in Kombination mit Holzbalkendecke.

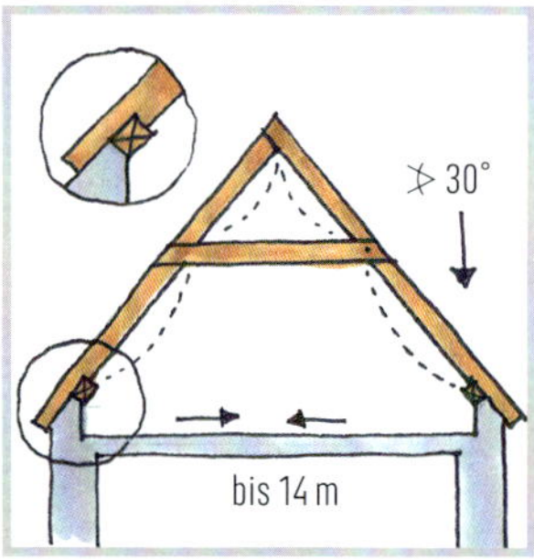

Kehlbalkendach:

Wie Sparrendach, jedoch Spannweiten bis 14 m möglich. Alternativ kann Betondecke mit Widerlager die Verteilung der Dachlast übernehmen.

Kehlbalkendach

Das Kehlbalkendach ist eine Variante des Sparrendachs, bei der zwischen den Sparren ein sogenannter Kehlbalken zur Aussteifung eingefügt wird. Er verhindert bei größerer Spannweite ein Durchbiegen der Sparren durch Eigengewicht oder Schneelast. Kehlbalken ermöglichen Spannweiten bis zu 14 m und kleinere Sparrenquerschnitte als beim reinen Sparrendach. Durch die Anordnung der Kehlbalken in Raumhöhe bleibt der bewohnbare Dachraum balkenfrei und kann problemlos ausgebaut werden. Die Kehlbalken können dabei als Unterkonstruktion für die Decke dienen.

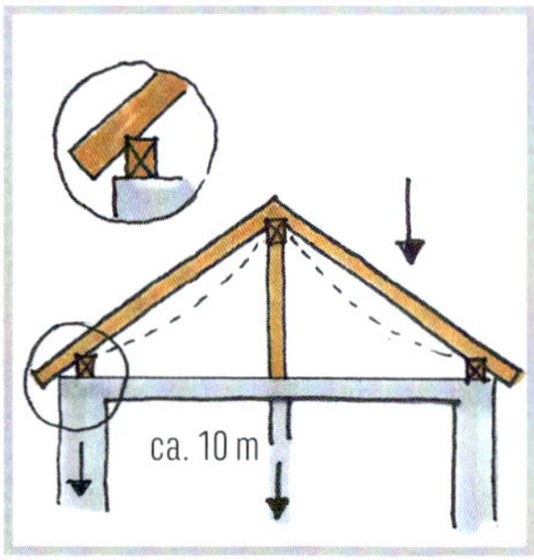

Pfettendach:

Für flachere Dachneigung und kompliziertere Dachformen (z. B. Gauben). Bei Spannweiten ab 10 m mit Mittelpfette.

Pfettendach

Beim Pfettendach liegen die Sparren auf waagrecht verlaufenden Balken, den sogenannten Pfetten: auf der First- und der Fußpfette. Pfettendächer sind meist flacher geneigt als Sparrendächer und erlauben Spannweiten bis zu 10 m. Die beiden Dachflächen sind voneinander statisch unabhängig, sodass Dachflächenfenster in beliebigen Größen mithilfe eingebauter Wechselbalken frei angeordnet werden können. Die Firstpfette muss bei großen Spannweiten durch Pfosten gestützt werden, die dann frei im Raum stehen, falls sie beim Ausbau nicht in eine tragende Trennwand integriert werden können. Bei großen Spannweiten tragen anstelle der Firstpfette zwei jeweils unterhalb des Firsts angeordnete Pfetten die Sparren, wodurch auch zwei Stützpfosten erforderlich sind. Diese Konstruktion wird „Pfettendach mit zweifach stehendem Stuhl" genannt.

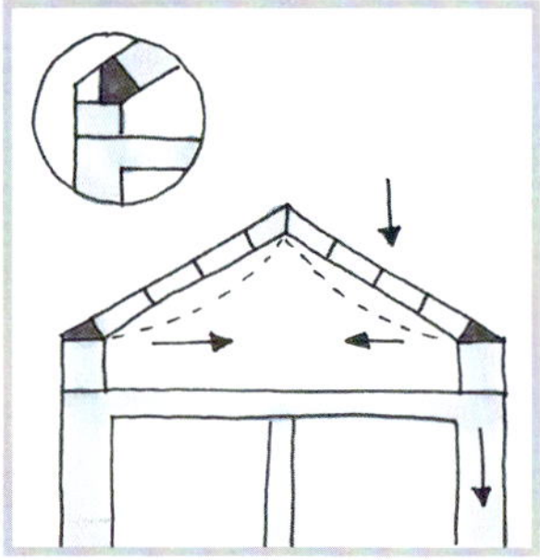

Massivdach:

Ein umlaufender Betonriegel, ein sogenannter Ringanker, dient als Auflager für das Dach.

Massivdach

Massivdächer können aus Ziegelstein, Beton oder Porenbeton bestehen. Der Dachstuhl wird dabei aus Fertigteilen errichtet, was alle klassischen und auch individuellen Dachformen ermöglicht. Ein Massivdach bietet einen hervorragenden Schall- und Brandschutz und ist aufgrund der vorgefertigten Teile in nahezu gleicher Zeit errichtet wie ein Dachstuhl aus Holz. Außen erfolgt der Dachaufbau meist wie beim Holzdachstuhl: mit Wärmedämmung, Dichtbahn, Lattung, Konterlattung und Dachdeckung. Innen kann die Oberfläche verputzt werden. Bei Betondächern, die von innen gedämmt werden, kann man auf einen zusätzlichen Dachaufbau verzichten, sodass Wände und Dachflächen nahtlos ineinander übergehen und der Baukörper „wie aus einem Guss" erscheint. Massivdächer müssen genau geplant werden, denn es ist sehr aufwändig, nachträglich Dachflächenfenster oder ähnliche Öffnungen einzubauen.

Oben: Beim Sparrendach bilden die Sparren mit dem Boden jeweils ein starres Dreieck. Ein Firstbrett verbindet alle Dreiecke miteinander.

Links: Beim Kehlbalkendach ermöglichen die aussteifenden Kehlbalken größere Spannweiten der Sparren als beim Sparrendach.

Tipp

Je steiler das Dach ist, desto mehr nutzbaren Raum bietet es. Dieser vergrößert sich noch, wenn das Haus einen sogenannten Kniestock, auch Drempel genannt, erhält. Das ist der traufseitige Wandabschnitt zwischen Boden und Dachschräge, auf dem die Dachkonstruktion aufliegt. Diese Konstruktion bietet sich vor allem an, wenn das Dachgeschoss zugleich das reguläre Obergeschoss darstellen soll.

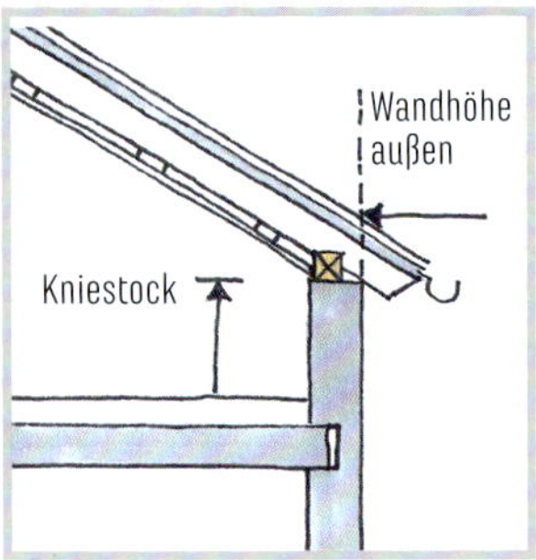

Kniestock = Wandhöhe innen. Wichtig beim Bebauungsplan: Die Wandhöhe außen ist immer bis OK-Dach zu rechnen.

Dachdeckung

Ob Sie sich für natürliche oder für künstliche Materialien entscheiden, ist eine Frage Ihres persönlichen Geschmacks und der Kosten. Der Klassiker sind nach wie vor Dachziegel aus Keramik. Diese sogenannten Dachpfannen sind mit Falzung und ohne Falzung, z. B. als Biberschwanzziegel, erhältlich. Für die konkrete Art der Dachdeckung ist immer entscheidend, wie gut Regenwasser von der Dachhaut ablaufen kann. Für flache Neigungen ab 22° eignen sich neben Dachziegeln auch Betondachsteine und Faserzementplatten, während Metall auf sehr flach geneigten Dächern und auch auf Flachdächern verlegt werden kann. Schieferplatten und unbehandelte Holzschindeln hingegen sind meist erst ab einer Dachneigung von ca. 25° regensicher. Je nach Material kann bei flacher geneigten Dächern ein wasserführendes Unterdach erforderlich sein.

Das Material sollte zum Stil des Hauses, zur Dachform, Dachneigung sowie zur Umgebung passen und möglichst lange zuverlässig Schutz vor Wind und Wetter bieten. Darüber hinaus ist wichtig, dass die Dachkonstruktion samt abschließenden Materialien dicht und gut gedämmt ist und zu einem gesunden Raumklima beiträgt.

Oben: Walmdach mit halbrunden Biberschwanzziegeln.

Links: Die Dachpfannen werden jeweils überlappend in die Lattung eingehängt und gegen Sturmschäden mit Draht verklammert.

Materialien zur Dachdeckung

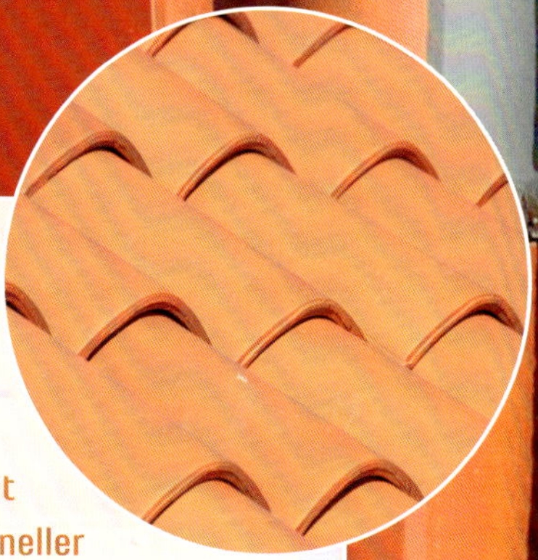

Dachziegel

Dachziegel bestehen aus Ton, der bei etwa 1.000 °C gebrannt wird. Als traditioneller Baustoff zählt gebrannter Ton nach wie vor zu den beliebtesten Materialien für die Dachdeckung. Dachziegel sind robust gegenüber Witterungseinflüssen aller Art und strahlen einen natürlichen Charme aus. Sie werden lose in die Querlatten eingehängt und zusätzlich mit Sturmklammern gesichert. Da Dachziegel in verschiedenen Formen und Farbabstufungen angeboten werden, können Sie Ihr Dach regionaltypisch gestalten und ihm gleichzeitig einen individuellen Charakter verleihen. Zu einem Dachsystem mit Ziegeln gehören auch spezielle Formteile, z. B. für First und Dachkanten, sowie Anschlussteile für die Stellen, an denen die Dachhaut durchdrungen wird, z. B. durch Leitungen oder Entlüftungsrohre.

Betondachsteine

Betondachsteine sind optisch kaum von Dachziegeln zu unterscheiden. Sie werden ebenfalls in die Querlatten eingehängt und mit Sturmklammern gesichert. Betondachsteine sind in unterschiedlichen Oberflächen, Formaten und Farben erhältlich und in der Regel etwas schwerer als Dachziegel. Zur Herstellung benötigen Betondachsteine weniger Energie und sind daher auch etwas günstiger als Dachziegel aus Ton.

Schiefer

Schiefer ist ein Naturstein, der mit seiner spaltrauen Oberfläche natürlich und edel aussieht. Er steht für eine sehr regionaltypische Deckungsart mit handwerklich schönen Details und wird hauptsächlich in Mitteldeutschland eingesetzt. Die Dachneigung sollte mindestens 25° betragen, damit die Schieferdeckung Regen gut ablaufen lässt.

Faserzement

Faserzementplatten sind leicht und gleichzeitig sehr robust. Sie eignen sich daher besonders gut für Sanierungen. Bei großen Dächern kommen sie auch in Form von Wellplatten zum Einsatz, da diese auch in großen Formaten hergestellt werden können und günstig sind.

Metall

Metalldeckungen können aus Kupfer, Titanzink, Edelstahl oder Aluminium bestehen. Sie benötigen eine vollflächige und ausreichend dicke Schalung zum Befestigen der Haltehaften und sind absolut dampfdicht. Eine Metalldeckung eignet sich auch für flach geneigte Dächer.

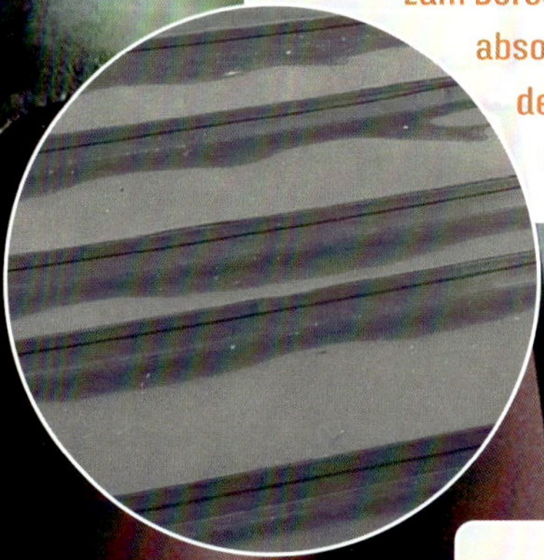

Holzschindeln

Holzschindeln sind kleine gespaltene Holztafeln. Durch das Spalten bleiben die Fasern geschlossen, was die Haltbarkeit erhöht. Diese uralte Deckungsart war viele Jahre in Vergessenheit geraten, kommt aber in der modernen Architektur wieder häufiger zum Einsatz.

Schilf und Stroh

Ein Schilfdach – auch Reetdach genannt – hat ebenso wie ein Strohdach sehr gute Wärmedämm-Eigenschaften. Es ist leicht und stellt eine regionaltypische Besonderheit dar. Schilf und Stroh sind wind- und wasserdicht, allerdings nicht feuerfest. Wegen der Gefahr des Funkenflugs sind bestimmte Abstände zu Nachbargebäuden vorgeschrieben. Das Reet wird in 30 cm dicken Bündeln in einem aufwändigen Arbeitsgang auf die Unterkonstruktion gebunden und verschraubt. Die Dachneigung sollte mindestens 45° betragen.

Dachrinne, die mit Rinnenhaltern an der Traufbohle befestigt wird.

Dachentwässerung

Regenrinnen, die mit einem Gefälle zu den Fallrohren verlegt werden, sammeln das Regenwasser und leiten es ab – entweder in die öffentliche Kanalisation oder auf das Grundstück, auf dem es mithilfe eines Versickerungssystems natürlich abgeführt wird. Über ihre reine Funktion hinaus können Rinnen und Rohre je nach Form und Befestigungsart auch gestalterische Akzente setzen. So können Rinnen beispielsweise rund, halbrund, kasten- oder keilförmig sein und an der Traufe hängen, auf der Dachfläche aufliegen oder in diese integriert sein. An der Einlaufstelle zum Fallrohr halten Fanggitter Laub oder Schmutz zurück.

Wenn Sie Regenwasser auf Ihrem eigenen Grundstück versickern lassen, entlasten Sie die die Umwelt, denn Kanalisationssysteme greifen in den natürlichen Wasserkreislauf ein und tragen unter Umständen auch zum Absinken des Grundwasserspiegels bei. Je nach Bodenbeschaffenheit können verschiedene Systeme die Regenwasserversickerung unterstützen. Ein Beispiel ist die sogenannte Rohr-Rigolenversickerung, bei der das Regenwasser zunächst in ein unterirdisches Rohr geleitet wird, von dem aus es versickern kann. Bei festeren Böden können zusätzlich unterirdische Speicher zum Einsatz kommen. Übrigens: Bei natürlicher Versickerung – durch welches System auch immer – sieht das Gesetz eine Reduzierung der Abwassergebühr vor.

Öko-Tipp Regenwasser

Regenwasser ist eigentlich zu schade, um es ungenutzt versickern zu lassen. Wussten Sie, dass es sich hervorragend zum Wäschewaschen eignet? Denn Regenwasser ist weich und dann hygienisch unbedenklich, wenn es über eine gute Regenwassernutzungsanlage geleitet wird. Regenwasser eignet sich außerdem sehr gut zur Gartenbewässerung und fürs WC.

Dachdämmung

Ob Sie besser von außen oder innen dämmen, hängt von der vorhandenen Dachkonstruktion und der geplanten Nutzung ab und außerdem davon, ob es sich um einen Neubau oder eine Modernisierung handelt. Daher sollten Sie sich zunächst folgende Fragen stellen: Soll der Dachraum nur gedämmt oder zusätzlich auch bewohnt werden? Welche Dachkonstruktion ist vorhanden? Soll diese von innen sichtbar bleiben oder verkleidet werden? Wenn Sie nicht vorhaben, den Dachraum zu bewohnen, genügt die Dämmung der obersten, über beheizten Räumen liegenden Geschossdecke. Möchten Sie den Dachraum ausbauen, muss die gesamte Dachfläche gedämmt werden.

Die beste Dämmung nützt allerdings wenig, wenn sie nicht ausreichend vor Feuchtigkeit geschützt ist. Deshalb muss das Dach nach außen abgedichtet und das Eindringen von Wasserdampf je nach Konstruktion eingeschränkt oder ganz unterbunden werden.

Mehr zum Thema Dämmstoffe finden Sie im Kapitel Rohbau und Fassade auf S. 56.

Tipp

Bei nachträglicher Dämmung des Dachstuhls sollte zunächst ein Zimmerer oder Statiker prüfen, ob die Konstruktion verstärkt werden muss. Das spart Ärger, vor allem, wenn es um die Finanzierung geht.

Unter einem gut gedämmten Dach lässt es sich gemütlich wohnen.

Hier wird gerade auf der Schalung eine Abdichtungsfolie angebracht.

Das Dach dämmen – welche Möglichkeiten gibt es?

Für die Dämmung eines Steildachs gibt es grundsätzlich drei Möglichkeiten:

- die Dämmung von außen
- die Dämmung zwischen den Sparren
- die Dämmung von innen.

Bei der Außendämmung, auch Aufsparrendämmung genannt, bleibt der Dachraum in Höhe und Optik so erhalten, wie er ist und kann jederzeit zum Wohnraum ausgestaltet werden. Die Aufsparrendämmung ist, besonders in Kombination mit einer Zwischensparrendämmung, energetisch am effektivsten, da sie lückenlos aufgebracht werden kann. Beim Neubau ist sie das Mittel der Wahl, denn hier wird das Dach erst anschließend eingedeckt. Beim Altbau hingegen müsste für die Aufsparrendämmung erst die vorhandene Dachhaut entfernt werden. Das ist sehr aufwändig und lohnt sich nur, wenn Sie ohnehin vorhaben, das Dach neu zu decken. Für den nachträglichen Dachausbau ist die Innendämmung die ideale Lösung, denn sie kann viel einfacher angebracht werden. Dabei spielt eine entscheidende Rolle, wie hoch die Sparren sind, denn die Dämmplatten werden üblicherweise zwischen die Sparren geklemmt. Die Höhe der Sparren entspricht also der Dämmstoffhöhe und gibt vor, welche maximale Dämmstärke ohne Einbußen an Raumhöhe möglich ist. Reicht diese Dämmstärke nicht aus, müssen die Sparren entweder aufgedoppelt oder zusätzlich von der Unterseite gedämmt werden. Beides führt zu einem Verlust an Raumhöhe, was die zukünftige Wohnfläche reduziert. Bleibt der Dachraum leer, spielt dieser Aspekt natürlich keine Rolle.

Die verschiedenen Dämmarten im Detail

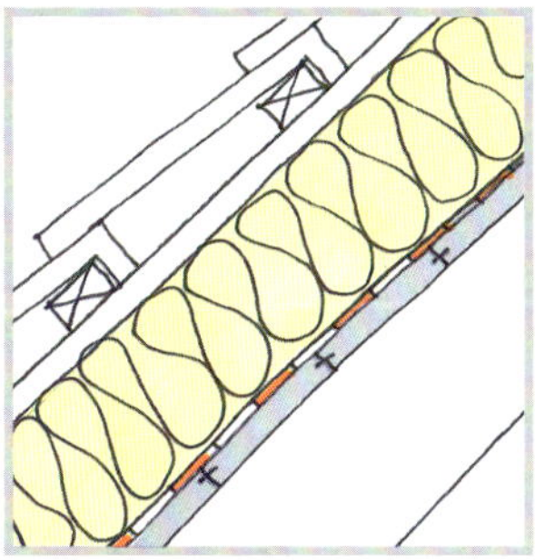

Bei einer Aufsparrendämmung kann der Dachstuhl innen sichtbar bleiben.

Aufsparrendämmung

Die Dämmplatten werden als geschlossene Haube von außen auf die Sparren aufgelegt, darüber erfolgt die Dacheindeckung. Der Vorteil besteht im vollflächigen Wärmeschutz ohne Wärmebrücken durch Sparren oder Zwischenwände. Der darunter liegende Dachraum kann uneingeschränkt ausgebaut werden. Wird kein Sichtdachstuhl ausgeführt, wird die Aufsparrendämmung häufig mit einer Zwischensparrendämmung kombiniert und so ein sehr gut gedämmtes Dach mit einer geringen Aufbauhöhe erreicht.

Mit einer Säge lässt sich der Dämmstoff – hier Mineralwolle – passgenau zuschneiden.

Tipp

Vorsicht: Durch das nachträgliche Aufbringen einer Aufsparrendämmung ändern sich die Außenwandhöhen und die Firsthöhe, was sich auf die notwendigen Abstandsflächen zu den Nachbargebäuden auswirkt. Eventuell muss die Maßnahme mit dem Bauamt abgeklärt werden. Bewohnen Sie ein Reihen- oder Doppelhaus, müssen Sie bei nachträglicher Aufsparrendämmung auch die Anschlüsse zum Nachbarhaus beachten, da sich durch die Dämmung die Höhe der Dachfläche ändert.

Oben: **Dämmstoffe wie Mineralwolle werden aufgrund feinster Fasern am besten mit Schutzkleidung eingebaut.**

Rechts Seite: **Die meisten Dämmstoffe sind leicht und können als Rollenware geliefert werden.**

Zwischensparrendämmung

Die Zwischensparrendämmung eignet sich gut, um ein Dach nachträglich von innen zu dämmen. Die Dachhaut muss dabei nicht geöffnet werden. Wird der gesamte Raum zwischen den Sparren mit Dämmstoff ausgefüllt, spricht man von einer Vollsparrendämmung.

Vorgehensweise

Sind die Sparren hoch genug, kann das zugeschnittene Dämm-Material zwischen die Sparren geklemmt werden. Besonders gut eignen sich dafür mineralische Dämmstoffe, da sie Unebenheiten besser ausgleichen können als Hartschaum-Dämmplatten. Reicht die Höhe der Sparren für die notwendige Dämmschicht dagegen nicht aus, wie es häufig bei Altbauten der Fall ist, können Sie eine Zwischensparrendämmung mit einer Untersparrendämmung kombinieren. Falls die bestehende Dachhaut dampfdicht ist, sodass keine Feuchtigkeit nach außen entweichen kann, z. B. bei einer Dachpappe, muss raumseitig eine spezielle feuchteadaptive Dampfbremse angebracht werden. So wird verhindert, dass sich Feuchtigkeit aus der Raumluft in der Wärmedämmung staut und zu Schimmel und Wärmebrücken führt. Übergänge zu Fenstern und Schornsteinen werden dicht verklebt. Soll der Dachraum bewohnt werden, wird die Unterseite der Dämmung mit Gipskartonplatten oder ähnlichem Material verkleidet.

Tipp

Wichtig ist in diesem Zusammenhang: Moderne hochgedämmte Dachkonstruktionen sind bauphysikalisch komplexe Konstruktionen und verzeihen kaum Fehler. Lassen Sie Ihren geplanten Aufbau von einem Fachmann prüfen und berechnen.

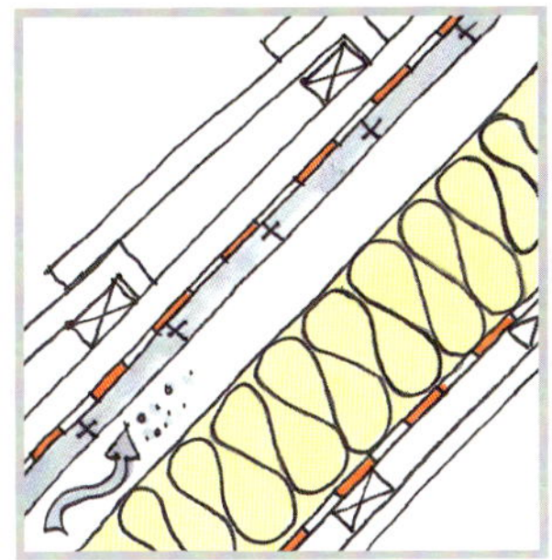

„Klassischer" Dachaufbau mit hinterlüfteter Dämmung (nicht mehr zeitgemäß)

Untersparrendämmung

Die Untersparrendämmung bietet sich, wie bereits beschrieben, als Ergänzung zur Zwischensparrendämmung an, falls der Wärmeschutz nicht ausreichen sollte. Da Dämmstoffe besser isolieren als Holz, reduzieren sich durch die zusätzliche Abdeckung Wärmebrücken im Sparrenbereich. Auch für den Fall, dass Ihr Dach bereits gedämmt ist, die alte Dämmung aber nicht ausreicht, bietet sich die zusätzliche Untersparrendämmung an. Als alleinige Dämmung ist sie jedoch nicht zu empfehlen, da sie meist keinen ausreichenden Wärmeschutz bieten kann, oder zu viel wertvollen Raum verschwendet.

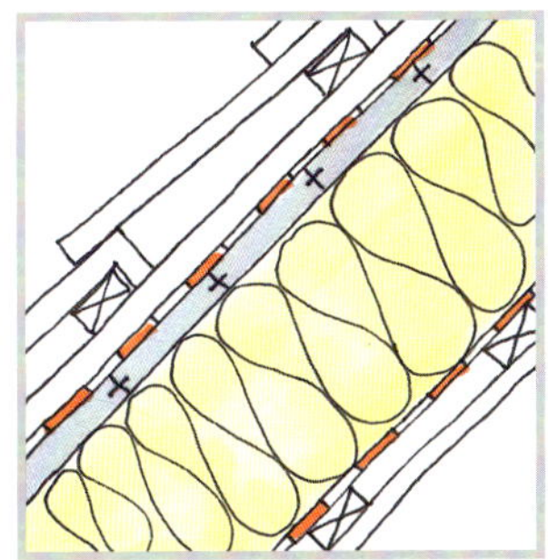

Zwischensparrendämmung ohne Hinterlüftung

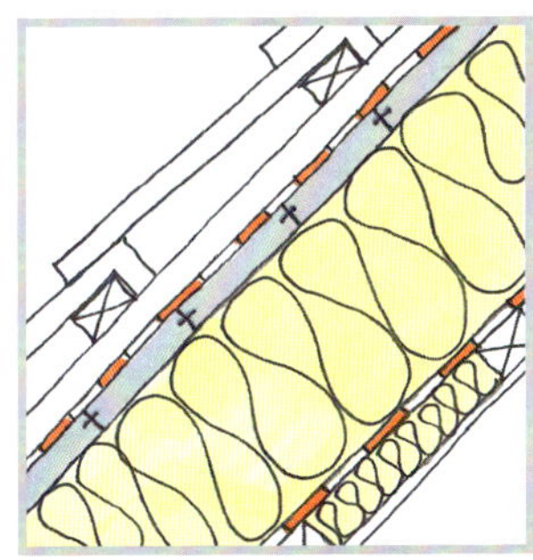

Zwischensparrendämmung, kombiniert mit Untersparrendämmung (max. 30 mm)

Vorgehensweise

Zunächst wird die Fläche, die aus Zwischensparrendämmung und Sparrenunterseiten besteht, mit einer Dampfbremse abgedichtet. Nun wird eine Unterkonstruktion aus meist 3 – 5 cm starken Holzlatten quer auf die Sparren geschraubt. In die Felder zwischen den Latten wird der Dämmstoff geklemmt. Ein Vorteil der kombinierten Dämmung ist: den Bereich zwischen Dampfbremse und zweiter Dämmschicht können Sie als Installationsebene, z. B. für das Verlegen von Elektroleitungen, nutzen. Der Holzrahmen, der die Untersparrendämmung einfasst, dient auch als Unterkonstruktion für die abschließende Verkleidung. Bei dieser Art der Dämmung verringert sich die nutzbare Raumhöhe um die benötigte Dämmstärke.

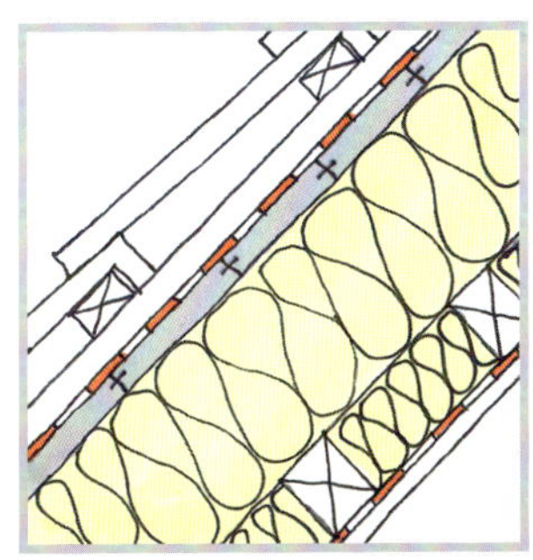

Beträgt die Dicke der Untersparrendämmung mehr als 30 mm, verschiebt sich die Ebene der Dampfbremse.

Auch bei dieser Lösung muss die Lage und Qualität der Dampfbremse genau berechnet werden. Besonders bei einer stärkeren Untersparrendämmung besteht die Gefahr, dass sich Tauwasser ansammelt. Dann muss die Lage der Dampfbremse zur Rauminnenseite wandern.

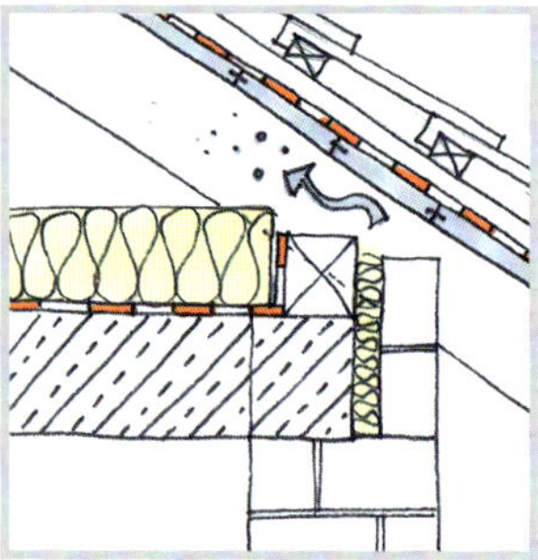

Die Dämmug der obersten Geschossdecke ist mittlerweile Pflicht.

Dämmung der obersten Geschossdecke

Wenn der Dachraum nicht bewohnt wird und auch nicht zu Wohnzwecken ausgebaut werden soll, genügt die Dämmung der obersten Geschossdecke über beheizten Räumen. Die Energieeinsparverordnung (EnEV) schreibt grundsätzlich die Dämmung von Dach oder oberster Geschossdecke vor. Zur nachträglichen Dämmung eignet sich die Ober- und die Unterseite der Decke. In manchen Fällen kann, wenn es sich um eine Holzbalkendecke handelt, die Dämmung auch in die Konstruktion integriert werden. Das Dämmen der obersten Geschossdecke ist von allen Dämmvarianten die preiswerteste.

Rechte Seite oben: **Fertig zum Einzug: Dachraum nach dem Ausbau. Hinter der Tapetentür verbirgt sich das Gerät zur kontrollierten Wohnraumlüftung.**

Unten: **Holzfasermatten füllen die Zwischenräume einer Holzkonstruktion, auf die später der Fußboden montiert wird.**

Dämmung der Oberseite der Geschossdecke

Die einfachste Möglichkeit der Dachbodendämmung besteht darin, die Dämmplatten ohne weitere Konstruktion auf dem Boden auszulegen. Sie kommt dann infrage, wenn der Dachboden nicht begangen wird, z. B. bei Spitzböden. Wichtig: Die Dampfbremse muss immer zwischen Dämmschicht und Boden liegen. Möchten Sie den Dachboden hingegen begehen können, müssen Sie entweder ein druckbelastbares Dämmelement wäh-

Begriffserläuterungen

Abdichtung nach außen

Auch wenn bei Steildächern Regen abläuft und Schnee meist abrutscht, können undichte Stellen bauliche Schäden verursachen. Abdichtungsbahnen sind daher ein wichtiger Bestandteil der Dachkonstruktion. Sie werden über der Wärmedämmung verlegt und schützen diese und die darunter liegenden konstruktiven Elemente vor Feuchtigkeit.

Zur Abdichtung eignen sich unterschiedliche Materialien, wie Kunststoff- oder Bitumenbahnen. Die Auswahl richtet sich dabei nach dem jeweiligen Dachtyp und der Dachkonstruktion.

Dampfdiffusion

Wenn Wasserdampf ein Bauteil durchdringt, geschieht das immer von der warmen zur kalten Seite. Dabei sinkt die Temperatur des Wasserdampfs, sodass er sich in Form von Wassertröpfchen an den kälteren Stellen niederlässt. Das kann durch den Einbau von Dampfbremsen bzw. -sperren eingeschränkt bzw. unterbunden werden.

Dampfbremse und Dampfsperre

Die Dampfbremse ist eine Folie, die das Eindringen von Wasserdampf in die Wärmedämmung einschränkt. Eine Dampfsperre lässt keinerlei Diffusion zu. Ob eine Dampfsperre oder eine Dampfbremse verwendet werden muss, hängt von der Konstruktion ab. Eine Gebäudehülle muss immer nach außen hin diffusionsoffener werden.

Die „Durchlässigkeit" einer Dampfbremse bzw. -sperre wird mit dem sogenannten sd-Wert angegeben. Der Wert gibt die Dicke in Metern an, die eine vergleichbare Luftschicht haben muss, damit sie in ruhendem Zustand und unter gleichen Randbedingungen vom selben Diffusionsstrom durchflossen wird wie das betrachtete Bauteil.

Bei sd-Werten bis zu 0,5 m spricht man von diffusionsoffenen Bauteilen, sd-Werte ab 1.500 m gelten als diffusionsdicht (Dampfsperre), alle Werte dazwischen als diffusionshemmend (Dampfbremse).

Eine Sonderform ist die feuchteadaptive Dampfbremse, die ihren Diffusionswiderstand in Abhängigkeit von der umgebenden Luftfeuchte ändert.

In der Praxis wird beim Einsatz von Dampfbremsen und -sperren häufig nach dem Motto „viel (großer sd-Wert) hilft viel" verfahren. Doch Vorsicht: Eingedrungene Feuchtigkeit im Bauteil kann dann genauso schwer wieder ausdiffundieren und verursacht häufig Bauschäden.

Sommerlicher Wärmeschutz

Der U-Wert und die Wärmeleitfähigkeit (Erläuterung der Werte siehe Abschnitt „Bauphysik" auf S. 34) geben an, wie gut ein Dach gegen Kälte isoliert. Zum Schutz gegen sommerliche Hitze ist aber auch die Wärmespeicherkapazität der Dämmung wichtig. Diese bewirkt eine Phasenverschiebung zwischen den tiefen Nacht- und den hohen Tagestemperaturen. Ein Wert zwischen 10 und 12 Stunden ist ideal. Holzwolleplatten und Zelluloseflocken eignen sich hierfür als Dämmstoff besonders gut.

Tipp

Wie bestimme ich den U-Wert im Dach?

Mit folgender Formel kann ganz einfach der mittlere U-Wert bei inhomogenen Aufbauten bestimmt werden.

$$U_W = \frac{U_{W_1} \times a + U_{W_2} \times b}{a + b}$$

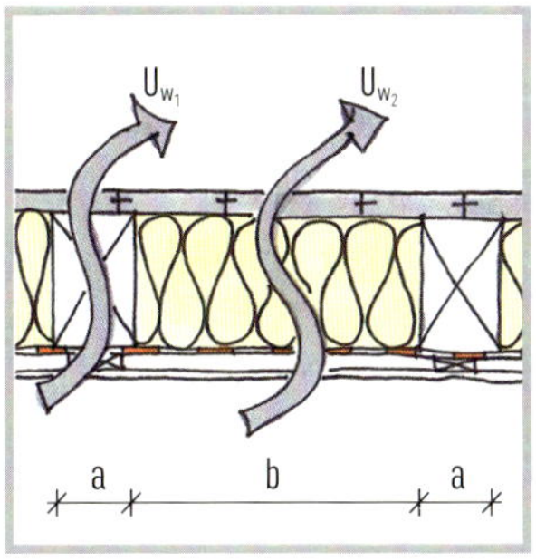

Berechnung des mittleren U-Werts bei inhomogenem Aufbau der Schichten, wie z. B. im Dach. Zuerst muss der U-Wert der einzelnen Schichten berechnet werden.

Licht und Luft unterm Dach durch große Dachflächenfenster, links im Bild mit zusätzlicher Festverglasung in Bodennähe.

Dachfenster

Beim Dachausbau stellt sich häufig die Frage, ob Gauben oder Dachflächenfenster sinnvoller sind. Gauben schaffen mehr Platz im Dachraum, und man kann direkt ans Fenster treten und hinaussehen. Allerdings ist der konstruktive Aufwand für diese Art der Dachöffnung hoch. Für Dachflächenfenster spricht: Sie sorgen für mehr Tageslicht als ein gleich großes senkrechtes Fenster in einer Dachgaube und der konstruktive Aufwand ist deutlich geringer. Energieeffizienz und Einbruchschutz sollten bei beiden Varianten den Kriterien senkrechter Wohnraumfenster entsprechen.

Dachflächenfenster gibt es heute in vielen Varianten:

— klassisches Schwingfenster,
— Klappschwingfenster (ermöglicht aufrechtes Stehen am offenen Fenster),
— Panoramadachfenster (lässt sich seitlich verschieben),
— Fenster mit anschließendem senkrechtem Verlauf bis zum Boden (bietet besonders viel Licht und Ausblick) oder
— Ausstiegsfenster.

Schutz vor Insekten im Dachraum

Für ungestörten Schlaf bei offenem Fenster sorgen speziell angepasste Insektenschutzrollos. Sie werden innen angebracht, halten Mücken und andere Plagegeister ab und sind meist bequem mit einem Schieberahmen zu bedienen. Je nach Ausführung können sie zusätzlich zum Schutz vor Sonne beschichtet sein oder Pollenstaub herausfiltern.

Ganz links: Schwingfenster. Zum Reinigen kann es um 180° geschwenkt werden.

Links: Dachgaube mit Kupferverkleidung.

Unten: Klappschwingfenster bieten freien Zugang zum geöffneten Fenster und können trotzdem einfach gereinigt werden. Rechts im Bild mit nach außen schwenkbarem unterem Fenster-Element.

Lässt sich die gesamte Fensterfläche öffnen, wirkt die Öffnung wie ein Dachbalkon. Eine Absturzsicherung ist bei dieser Variante Pflicht, ein Sonnen- und Blendschutz bei allen Fensterarten sehr zu empfehlen. Je nach Fenstergröße und Himmelsrichtung können dafür innen liegende textile Blendschutzrollos ausreichen. Häufig sind jedoch außen liegende Markisen oder Rollos sinnvoller. Dachfenster-Rollläden hingegen eignen sich gut zum Verdunkeln und bieten darüber hinaus Schutz vor Einbrechern.

Oben: **Modernes Passivhaus mit Flachdach und Dachterrasse.**
Rechte Seite: **Flachdach mit Substratbedeckung für eine extensive Begrünung.**

Flachdach

Flachdächer weisen maximal eine Neigung von 10° auf, weshalb im Vergleich zu Steildächern Regenwasser schlechter abläuft und sich Laub sowie Schnee leichter ansammeln. Eine lückenlose Abdichtung ist daher bei einem Flachdach anspruchsvoller, denn sie muss auch Staunässe durch Regen und Schnee standhalten. Bereits kleinste undichte Stellen, z. B. an den Dachrändern, können bauliche Schäden, allen voran Schimmel, verursachen. Man unterscheidet drei Konstruktionsarten:

— Warmdach,
— Umkehrdach und
— Kaltdach.

Konstruktionsarten

Warmdach

Warmdächer sind unbelüftete Konstruktionen. Sie bestehen aus der Rohbaudecke mit darauf liegender Dampfsperre, der Wärmedämmung, einer Abdichtungsbahn und gegebenenfalls einer Dachdeckung. Alle Schichten des Dachaufbaus liegen direkt übereinander und sind nicht hinterlüftet.

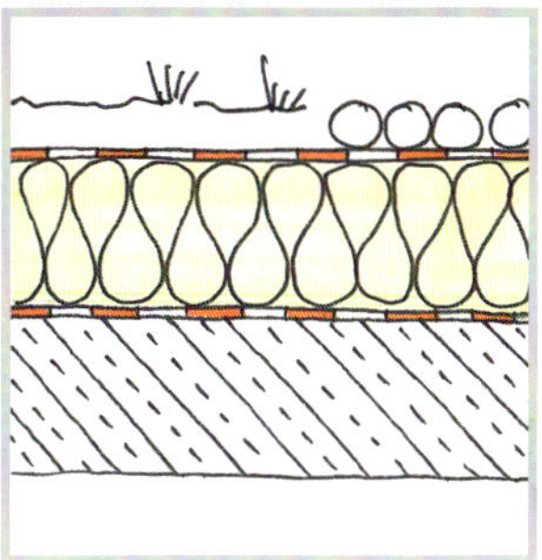

Warmdach: „Klassisches" Flachdach

Umkehrdach

Das Umkehrdach ist ein Warmdach mit reduziertem Aufbau, allerdings liegt die Abdichtung unterhalb der Dämmung. Eine zusätzliche Dampfsperre ist nicht notwendig.

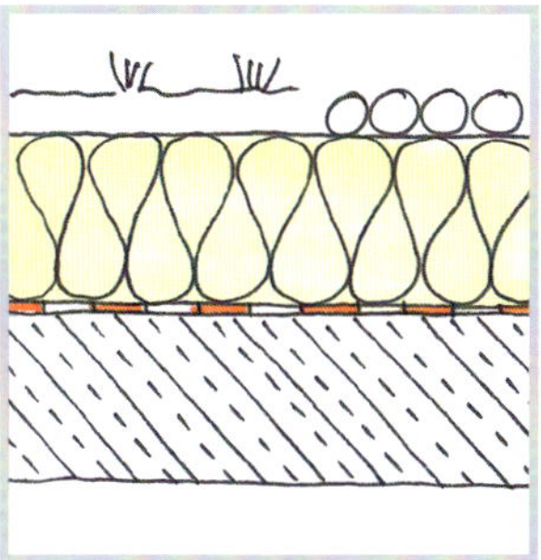

Umkehrdach: Gefälle in der Konstruktionsebene zwingend erforderlich.

Kaltdach

Kaltdächer sind zweischalig aufgebaut. Zwischen Dämmung und Dachhaut befindet sich eine Luftschicht, die Feuchtigkeit abtransportiert und einen zusätzlichen Schutz vor sommerlicher Hitze bietet. Der Dachaufbau ist höher und die Konstruktion aufwändiger als beim Warmdach.

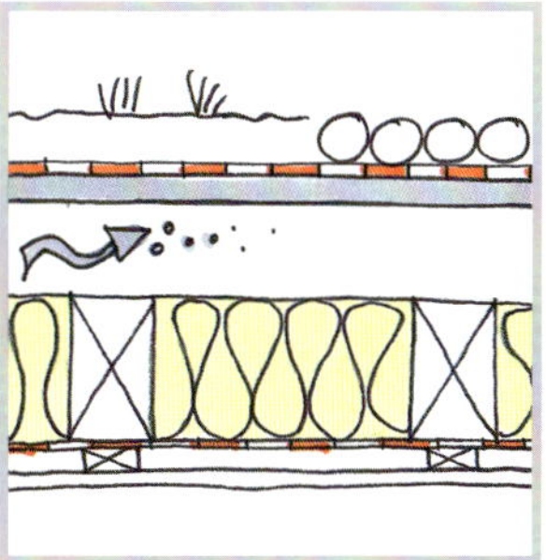

Kaltdach: hinterlüftet, üblich vor allem bei Holzkonstruktionen.

Ein begrüntes Flachdach nimmt Regenwasser auf und bindet Schadstoffe aus der Luft.

Abdichtung, Dämmung und Deckung von Flachdächern

Der am besten geeignete Dämmstoff hängt von der Konstruktion des Flachdachs ab. Beim Warmdach und Umkehrdach sind druckfeste Dämmplatten, z. B. aus Polyurethan, das Mittel der Wahl, bei einem Kaltdach eignen sich auch Mineral- oder Steinwolle. Zur Abdichtung werden in der Regel spezielle Flachdachbahnen verschweißt, je nach Dachtyp aber auch

Für die Begrünung von Dächern steht eine große Auswahl an geeigneten Pflanzen zur Verfügung.

alternativ Flüssigabdichtungen auf Kunststoff- oder Kautschukbasis verwendet. Abhängig von der geplanten Nutzung kann eine Deckschicht aus Kies, ein Plattenbelag, ein Solarsystem oder eine Bepflanzung den Dachaufbau abrunden.

Begrünte Flachdächer

Flachdächer bieten sich hervorragend für eine Begrünung an. Die grünen Oasen sehen nicht nur schön aus, sondern stellen wertvolle und gut nutzbare Freiflächen gerade in Städten dar. Sie unterstützen den natürlichen Wasserkreislauf, da die bepflanzte Fläche Niederschläge auffängt und den Überschuss zeitverzögert in die Regenrinne abgibt. Zudem binden sie Staub und Schadstoffe. Außen verbessern begrünte Dachflächen das Mikroklima und innen das Raumklima, da sie Temperaturschwankungen ausgleichen. Zum Aufbau werden auf der obersten Dachschicht Schutzlagen ausgelegt, darauf folgen ein Dränage-Element, eine Filterschicht und schließlich der Substrataufbau, der je nach Nutzung und Art der Bepflanzung unterschiedlich hoch ausfällt. Bei der Begrünung von Flachdächern unterscheidet man nach Nutzung und Pflegeaufwand zwei Arten:

- Intensive Begrünung und
- extensive Begrünung.

Intensiv begrünte Dächer sind wie Gärten und erfordern dieselbe Pflege. Sitzgruppen und Terrassenflächen können den Dachgarten auflockern.

Intensive Begrünung

Ein intensiv begrüntes Dach können Sie wie einen Garten nutzen und mit Terrassenflächen sowie Sitzgruppen kombinieren. Zur Bepflanzung eignen sich je nach Substrathöhe Stauden, Sträucher, Gräser, Kräuter und Rasen. Die Grünflächen müssen Sie allerdings regelmäßig bewässern, düngen und auch Unkraut entfernen. Die Substratdicke liegt bei mehr als 15 cm.

Extensive begrünte Dächer sind sehr pflegeleicht und werden nur sporadisch begangen. Die hierfür geeigneten Pflanzen sind unempfindlich gegenüber der Witterung und kommen mit wenig Wasser aus.

Extensive Begrünung

Extensiv begrünte Dächer erfordern wenig Pflege. Zur Bepflanzung eignen sich vor allem Gräser und Kräuter. Nur im ersten Jahr müssen Sie die Pflanzen regelmäßig bewässern und düngen sowie Unkraut und Laub entfernen. Nach etwa einem Jahr ist die Dachfläche meist vollständig grün und muss nur noch ein- oder zweimal pro Jahr gewartet werden. Für eine extensive Begrünung ist allerdings nicht jede Pflanze geeignet, denn sie muss unempfindlich gegen Wind, Sonne und Frost sein und auch mit wenig Wasser auskommen können. Die Substratdicke liegt zwischen 5 und 15 cm.

Unten 1+2: Lichtkuppeln sorgen für viel Tageslicht im Innenraum. Die Abdeckung von Oberlichtern mit Ausstiegsfunktion muss durchsturzsicher sein. Moderne Oberlichter, die sich öffnen lassen, schließen bei Regen automatisch.

Ganz unten: Dachfenster über dem Treppenbereich: Lichtspots und dekorative Elemente.

Lichtkuppeln und Flachdachfenster

Mit Lichtkuppeln und Flachdachfenstern holen Sie von oben Tageslicht in die meist dunkle Gebäudemitte. Gleichzeitig können Sie von dort in den Himmel blicken. Ob mit Festverglasung, als Ausstiegsfenster oder mit Öffnungsflügel: moderne Lichtkuppeln und Flachdachfenster sind durchsturzsicher und gut wärmegedämmt. Manche Fenster sind mit Regensensoren ausgestattet und schließen automatisch.

Oben:
Trotz Lage in der Gebäudemitte ist der Flur dank der Lichtkuppeln taghell.

Rechte Seite:
Wohnliches Badezimmer mit zusätzlichem Licht von oben.

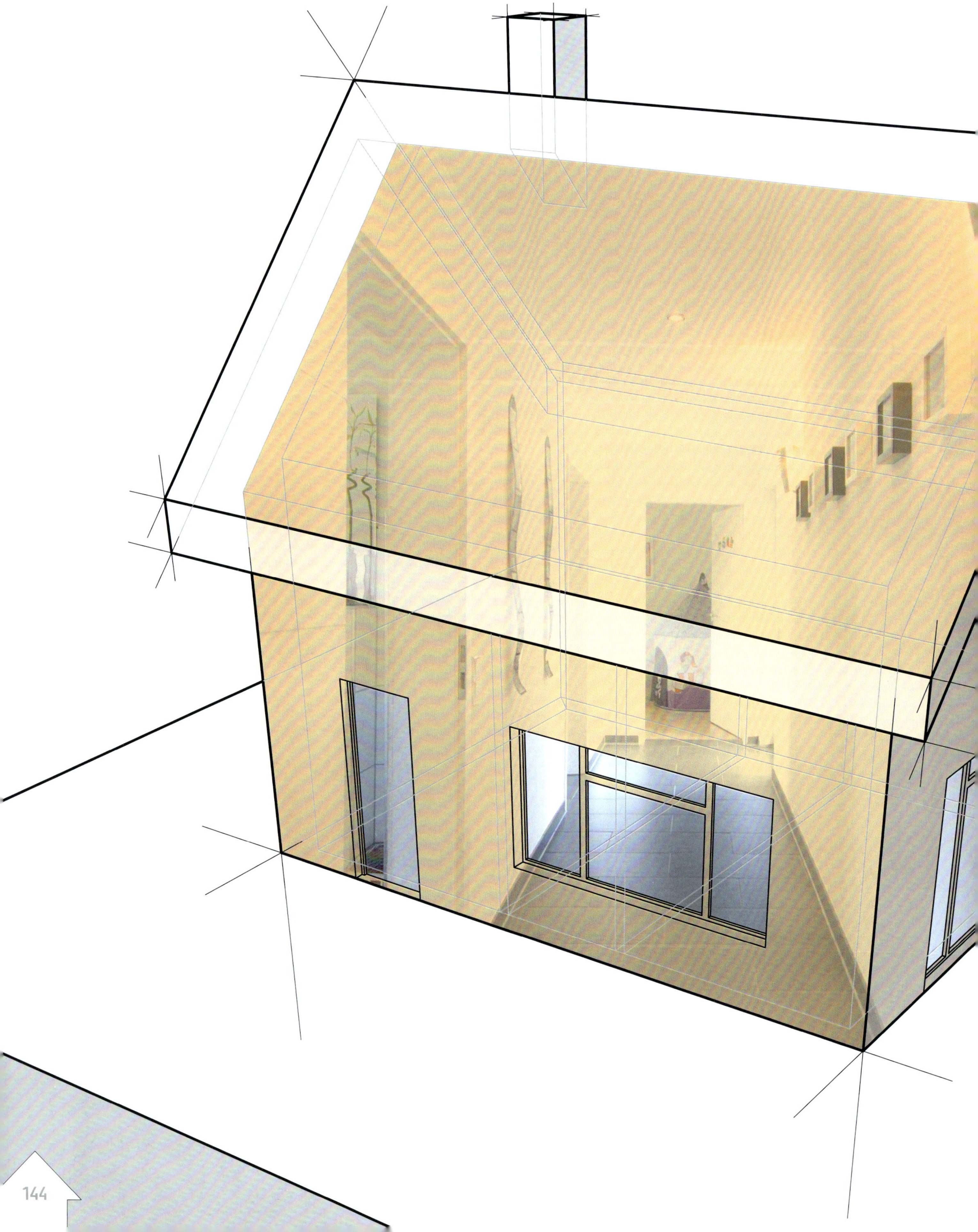

Der Innenausbau

Individuelle Raumgestaltung für hohen Wohnkomfort

Die Oberflächen Ihrer Wände, Decken und Böden haben großen Einfluss darauf, wie wohl Sie sich in Ihren Innenräumen fühlen. Türen, Wände und Bodenbeläge müssen der Funktion des jeweiligen Raums gerecht werden, zugleich zu Ihrem persönlichen Stil passen und zu einem harmonischen Gesamtkonzept beitragen. Die Raumaufteilung haben Sie beim Neubau individuell festgelegt. Bei einem Altbau kann es hingegen sein, dass diese nicht oder nicht mehr Ihrem aktuellen Bedarf entspricht. Leichte, nichttragende Innenwände erlauben es, den Grundriss auch nachträglich zu verändern, z. B. weil die Kinder eigene Zimmer benötigen. Innentüren schaffen Übergänge und sind zugleich wichtige gestalterische Elemente, die wie ein Möbel wirken oder kaum sichtbar flächenbündig in die Wand integriert sein können. Böden und Wandoberflächen prägen den Raum und übernehmen wichtige Funktionen. So müssen sie z. B., abhängig von der Raumnutzung, schalldämmend, besonders strapazierfähig oder wasserfest sein. Küchen und Bäder sollen hohen funktionalen und zugleich ästhetischen Ansprüchen genügen. Auch im Altbau können Sie diese Bereiche nachträglich individuell und attraktiv gestalten.

MEINE VISION
Das Gemüsebuch
Seafood
GAGGENAU

DAS GROSSE BUCH VOM KOCHEN
ESSEN WIE GOTT IN DEUTSCHLAND
DAS GROSSE BUCH DER PASTETEN
FRANKEN
SOUS-VIDE GRUNDKOCHBUCH
Fleisch sanft garen bei Niedertemperatur
Jamie Oliver
KOCHEN mit JAMIE OLIVER
Michel Roux
Das große Kochbuch 2007
Begleit- und Kochbuch 2006
ASIA FOOD
KAFFEEKULT
WEIHNACHTLICHES BACKEN

Fast am Ziel:
Die Trockenbauwände stehen, die Türzargen sind eingebaut.

Innenwände

Innenwände definieren nicht nur die Räume Ihres Hauses. In ihnen verlaufen Installationsleitungen und sie müssen bauphysikalischen Anforderungen, z. B. in Bezug auf Brand- und Schallschutz sowie gegebenenfalls Wärme- und Feuchteschutz, genügen.

Tragende Innenwände

Tragende Innenwände übernehmen statische Funktionen: sie steifen das Gebäude aus und tragen die Lasten der darüber liegenden Geschossdecke ab, die dadurch schlanker ausfallen kann. Tragende Innenwände werden im Rahmen des Rohbaus und meist aus demselben Material wie die Außenwände erstellt.

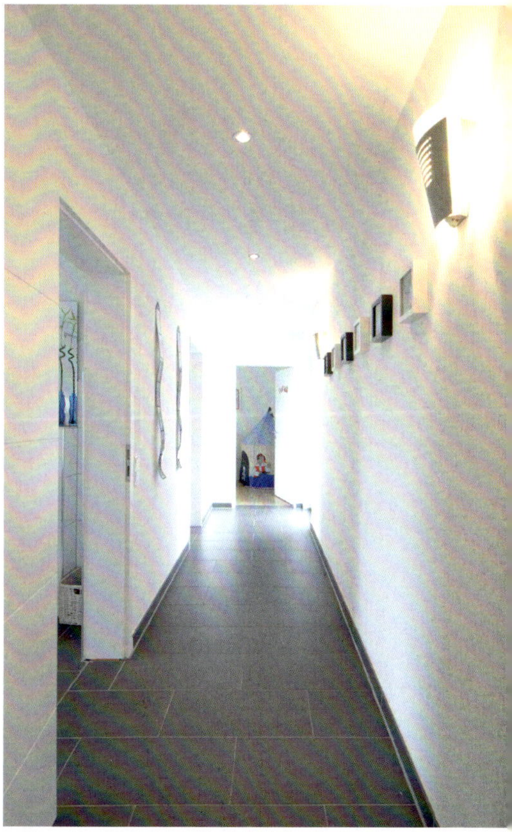

Ein Fliesenboden im Flur ist äußerst pflegeleicht.

Nichttragende Innenwände

Nichttragende Innenwände haben dagegen keine statische Funktion, sondern unterteilen lediglich den Innenraum. Wenn sie massiv ausgebildet werden, gehören sie wie tragende Wände zum Rohbau, werden dabei aber so mit der Decke verbunden, dass keine Lasten übertragen werden können. Meist werden nichttragende Innenwände jedoch als leichte Konstruktion in Trockenbauweise errichtet. Sie haben den Vorteil, dass sie später, wenn sich der Raumbedarf ändern sollte, leicht wieder entfernt oder neu eingezogen werden können. So lässt sich beispielsweise ein großes Kinderzimmer in zwei Einzelräume verwandeln, vorausgesetzt, es sind auch zwei Fenster, zwei Heizkörper, Lichtauslässe für jeden Raum usw. vorhanden. Für Sanierungen bieten sich leichte Trennwände ebenfalls gut an, da dabei keine Eingriffe in die Bausubstanz nötig sind.

Oben: Flur mit ruhiger Folge von leicht zurückgesetzten Türen. Für die Türen wurden in die Trockenbauwände raumhohe Stahlzargen eingesetzt, wofür alle beteiligten Handwerker gleichzeitig vor Ort sein mussten.

Unten: Mit Gipskartonplatten lassen sich Wände, Decken und Dachschrägen sauber verkleiden.

Trockenbau

Auch wenn der Begriff Trockenbau etwas „trocken" klingen mag, ist diese einfache und saubere Bauweise attraktiv, da sie viele Möglichkeiten für den Innenausbau bietet. Anders als beim Massivbau werden Trockenbauelemente, die meist aus Gipskarton oder Gipsfasern bestehen, ohne Verwendung wasserhaltiger Baustoffe wie Lehm oder Mörtel einfach zusammengeschraubt oder geklebt. Versierte Heimwerker können diese Arbeiten leicht in Eigenregie übernehmen. Trockenbauelemente eignen sich für leichte Trennwände, Decken- und Wandverkleidungen und sogar für Estriche. Die Wahl des jeweiligen Materials richtet sich dabei nach der geplanten Nutzung.

Manche Hersteller bieten katalytisch wirksame Platten an, die Schadstoffe und Gerüche aus der Raumluft aufnehmen und zugleich abbauen. Diese Wirkung ist Hilfsstoffen zu verdanken, die in den Kern dieser Gipsplatten eingebracht sind und die Schadstoffe chemisch umwandeln. Eine andere Gipsplatten-Variante sorgt als sogenannter Latentwärmespeicher für ein gutes Raumklima, indem sie Temperaturspitzen abfängt. Kleine, mit einem speziellen Wachs gefüllte Kunststoffkügelchen im Inneren der Gipsplatte nehmen Wärme auf, sobald die Raumtemperatur so weit steigt, dass das Wachs schmilzt. Die Schmelztemperatur liegt bei ca. 25°C. Sinkt die Temperatur wieder ab, erstarrt das Wachs und gibt die aufgenommene Wärme an den Raum zurück. Diese sogenannten PCM-Platten (Phase Change Materials) tragen aktiv zum Temperaturausgleich bei, was vor allem in Dachräumen sehr angenehm sein kann.

Trennwände in Trockenbauweise

Eine Trockenbauwand besteht aus einem schlanken Ständerwerk aus Holz oder Metall mit beidseitig montierten Gipskarton-, Gipsfaser- oder auch Holzplatten. Da Trockenbauwände keine statischen Funktionen erfüllen müssen und daher leicht sind, lassen sie sich jederzeit wieder versetzen und eignen sich für den nachträglichen Einbau. Der große Vorteil einer Trockenbauwand gegenüber einer massiven Trennwand ist, dass sie in relativ kurzer Zeit und mit einfachem Werkzeug aufgestellt werden kann, keine Feuchtigkeit in den Raum bringt, kaum Schmutz verursacht, aber dennoch enorm belastbar und stabil ist. Zudem ist sie wesentlich kostengünstiger als eine massive Wand und muss nicht verputzt werden. Allerdings bieten nicht alle Trockenbauwände denselben Schallschutz wie eine massive Wand, weshalb entsprechend dicke Dämmstoffe in den Zwischenraum eingelegt werden sollten. Den besten Schallschutz erreicht man, wenn die Trennwand auf dem Rohfußboden steht und erst dann der Estrich auf den Boden aufgetragen wird. Allerdings kann die Trennwand dann nicht mehr ohne Weiteres versetzt werden. Eine gute Schalldämmung der Trennwand nützt jedoch wenig, wenn die Qualität der Tür nicht darauf abgestimmt ist. Einfache Innentüren sind regelrechte Schallbrücken, während hochwertige Ausführungen den Schall gut abhalten können.

Oben und links: **Die Trockenbauplatten werden mit dem Akkuschrauber an die zuvor mit Dämmstoff ausgefüllte Unterkonstruktion geschraubt.**

Bei doppelt beplankten Wänden können nur die Stöße verspachtelt werden, andernfalls muss die Fuge vorher mit einem Gittervlies überklebt werden, damit später keine Risse entstehen.

Besondere Ausführungen von Trockenbauwänden

Trockenbauwände können durch ihre Ausführung ganz verschiedenen Einbausituationen gerecht werden. So sind z. B. gerundete Wandflächen oder Anschlüsse mit nassgebogenen Gipsbauplatten und Gipshalbschalen möglich. In Trockenbauwände lassen sich auch gut Einbauschränke und Regale integrieren, sodass die Wandfläche zum raumgestaltenden Element wird. Für Bäder und Feuchträume müssen spezielle Gipskartonplatten verwendet und diese zusätzlich abgedichtet werden, um Spritzwasser standzuhalten. Sie sind an ihrer grünen Färbung zu erkennen. Trockenbauelemente, die im Bad die Vorwandinstallationen verkleiden, bieten auf der Oberseite willkommene Ablageflächen. Grenzt eine Trockenbauwand an unbeheizte Bereiche, gilt sie als Außenwand und muss zum Schutz vor Feuchtigkeit mit einer Dampfbremse ausgestattet sein. Wenn Wandheizungen, Sanitär- oder Elektroleitungen in einer Trockenbauwand verlegt werden, sorgen in die Wand integrierte Klappen bei der Wartung für freien Zugang.

Beplankungsmaterialien im Trockenbau

Gipskarton- und Gipsfaserplatten

Beide Plattentypen bestehen aus dem Grundmaterial Gips, sind jedoch unterschiedlich aufgebaut. Bei entsprechender Ausführung genügen beide den Brand- und Schallschutzanforderungen. Die wesentlichen Unterschiede liegen in der Festigkeit, dem Gewicht und den Kosten.

Gipskartonplatten

Gipskartonplatten bestehen aus zwei Lagen feinen Kartons und einem dickeren Gipskern dazwischen. Sie sind meistens 12,5 mm dick. Gipskartonplatten weisen einen hohen Anteil feiner Poren auf, wodurch sie regulierend auf die Raumluftfeuchtigkeit wirken. Das Zuschneiden ist sehr einfach: die Platten werden angeritzt und anschließend entlang dieser Naht gebrochen. Gipskartonplatten eignen sich zur Beplankung leichter Trennwände sowie zur Verkleidung bestehender Wände und Dachschrägen. Die Oberflächen können nach dem Verspachteln gestrichen oder tapeziert werden. Da Gipskartonplatten Flüssigkeiten stark aufsaugen, sollte zuvor eine Sperrschicht aufgetragen werden.

Gipsfaserplatten

Gipsfaserplatten bestehen aus Gips und Zellulosefasern, die unter Zugabe von Wasser mit hohem Druck zu stabilen Platten gepresst werden. Nach dem Pressen werden sie getrocknet, imprägniert und zugeschnitten. Die Platten sind aufgrund der mit Gips umhüllten Fasern besonders stabil und können daher dünner als Gipskartonplatten sein. Ihre Mindeststärke beträgt 10 mm. Da sie nicht mit Papier ummantelt sind, sind sie weniger empfindlich gegenüber Feuchtigkeit als Gipskartonplatten. Der Zuschnitt erfolgt ebenfalls durch Anritzen und anschließendes Brechen. Gipsfaserplatten sind aufgrund ihres Aufbaus teurer in der Anschaffung als Gipskartonplatten und eignen sich als Untergrund für Putz, Tapeten oder Fliesen, und darüber hinaus auch als Trockenestrich. Da die Platten sehr formstabil sind, können sie mit CNC-Maschinen millimetergenau bearbeitet werden, sodass sich Reliefs, Nischen, Ablagen oder Vertiefungen einarbeiten lassen.

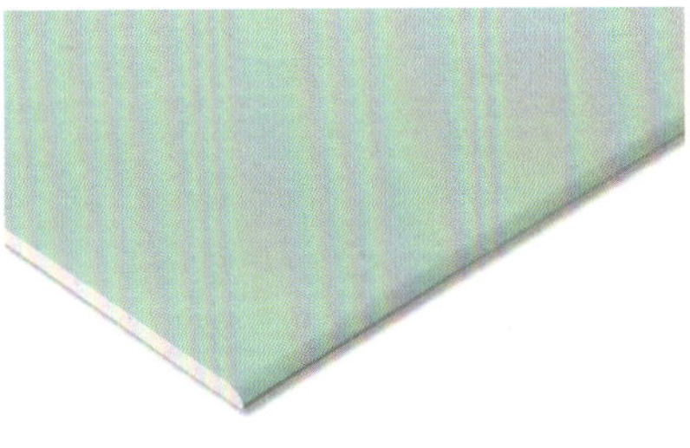

Oben: **Gipsfaserplatte**

Rechts oben: **Gipskartonplatte**

Rechts: **Imprägnierte Gipskartonplatte für Feuchträume**

Vorgehensweise: Aufstellen einer Trockenbauwand

Nachdem die Positionen von Trennwand und eventueller Tür festgelegt sind, wird eine Ständerkonstruktion aus Holz- oder Metallprofilen errichtet. Die Profile lassen sich mit einfachem Werkzeug in der Länge passend zuschneiden. Unabhängig von der Wahl des Materials ist es wichtig, dass Platten, Schrauben und Werkzeuge aufeinander abgestimmt sind, am besten in Form eines Komplettpakets, das viele Hersteller anbieten. Die Profile werden an Boden, Decke und angrenzende Wände gedübelt. Auf die Rückseite der Profile geklebte Dichtungsbänder sorgen für einen gleichmäßig dichten Anschluss an den jeweiligen Untergrund. Danach werden an einer Seite des Ständerwerks Wandelemente aus Gips oder Holz montiert, wobei Löcher für eventuell geplante Steckdosen zuvor eingeschnitten werden müssen. Als Nächstes werden Dämm-Material und eventuelle Elektrokabel in den Raum zwischen die Streben gelegt und anschließend die zweite Seite der Ständerkonstruktion beplankt. Nach dem Verspachteln der Fugen, dem Anschleifen der überstehenden Spachtelreste und dem eventuellen Auftragen einer Sperrschicht kann die Wandoberfläche gestrichen oder tapeziert werden.

Deckenverkleidung in Trockenbauweise

Deckenverkleidung mit Dämmung in Trockenbauweise

Bei einem Neubau ist eine Verkleidung der Decke weniger üblich. Bei Altbauten mit hohen Räumen kann das Verkleiden von Decken mit Gipskarton- und Gipsfaserplatten durchaus sinnvoll sein, um den Schallschutz zu verbessern oder um Elektro- oder Belüftungsleitungen verdeckt führen zu können. Besonders hohe Räume wirken mit einer abgehängten Decke außerdem wohnlicher. Deckenplatten mit Abkantungen, Friesen und Dekoren können gestalterische Akzente setzen. Als Unterkonstruktion dient meist eine Holzlattung oder ein Deckensystem aus Aluminium oder Blech. Wichtig ist die Bestimmung der Positionen von Lampen und Auslässen für Stromkabel mit entsprechenden Aussparungen vor der Montage. Eine umlaufende Schattenfuge mit Kantenschutzprofil sorgt für den sauberen Übergang von der Decke zur Wand.

Trockenestrich

Trockenestrich-Platten sind vor allem bei Sanierungen sinnvoll, denn es entfällt die Trocknungszeit, die bei Nass-Estrichen üblicherweise sechs Wochen beträgt. Auch bei Holzbalkendecken sind Trockenestriche zu empfehlen, da keine Feuchtigkeit in die Konstruktion eingebracht wird. Allerdings müssen Trockenestriche auf absolut ebenem Untergrund verlegt werden. Dafür sind eine Schüttung und eine Unterkonstruktion nötig, die wiederum den Bodenaufbau erhöhen. Der so entstandene Hohlraum zwischen Rohdecke und Fertigfußboden bietet dann Platz für Installationsleitungen. Über einem Trockenestrich kann jeder Fußbodenbelag verlegt werden. Trockenestriche sind teurer als Nass-Estriche und bieten meist auch weniger Schallschutz. Sie eignen sich daher eher für kleinere Flächen bzw. einzelne Räume im Rahmen von Sanierungen. Im Neubau werden hingegen meist Nass-Estriche verwendet.

Verlegen eines Trockenestrichs. Der Boden ist sofort begehbar, allerdings muss der Untergrund, anders als bei einem Fließestrich, sehr eben sein.

Innentür mit vier Türblättern, die sich auffalten lassen und einen breite Verbindung zwischen den Räumen ermöglichen.

Innentüren

Innentüren übernehmen sowohl verbindende als auch trennende Funktionen. In geschlossenem Zustand schirmen sie Geräusche und Zugluft ab und sorgen dafür, dass die Wärme im Raum bleibt. Geöffnet ermöglichen sie Blickbezüge und können bei entsprechender Durchgangsbreite zwei Räume optisch ineinander übergehen lassen. Darüber hinaus sind die Form und die Oberfläche einer Tür wichtige gestalterische Elemente, die den Raum aufwerten und das Raumgefühl maßgeblich prägen. Ob zeitlos, edel oder rustikal – Innentüren sollten robust gegenüber äußeren Beanspruchungen sein, sich gut öffnen und schließen lassen sowie pflegeleicht sein.

Innentüren gibt es in vielen verschiedenen Ausführungen. Bei der Wahl eines geeigneten Modells kommt es in erster Linie darauf an, für welchen Raum die Tür gedacht ist, welche Funktionen sie erfüllen soll und welchen Beanspruchungen sie ausgesetzt sein wird. Ein wichtiges Kriterium dabei ist der Schallschutz, denn je nach Art und Aufbau einer Tür wird der Schall entweder sehr leicht übertragen oder ausreichend bis sehr gut abgeschirmt.

Türanschlag

Beim Türanschlag unterscheidet man zwischen stumpf anschlagender Tür und gefälzter Tür. Gefälzte Türen haben eine L-förmige Kante, die auf der Zarge aufliegt. Da der Spalt zwischen Türblatt und Zarge abgedeckt ist, schließt die Tür dicht, zusätzlich verbessern eingefügte Falzdichtungsbänder den Schall- und Wärmeschutz. Im Gegensatz dazu liegt bei stumpf anschlagenden Türen das Türblatt nicht auf der Zarge auf, sondern mit ihr in einer Ebene. Durch die glatte Kante des Türblatts ergeben sich klare Linien, sodass die Tür optisch eleganter wirkt. Ein stumpfer Anschlag bietet sich vor allem für den flächenbündigen Einbau einer Tür an.

In den Türrahmen integrierte Glasflächen bringen Tageslicht in den innen liegenden Flur.

Türarten

Für die Innenräume von Wohnhäusern sind überwiegend Anschlagtüren, auch Drehflügeltüren genannt, und Schiebetüren üblich. Aber auch Sonderformen wie Pendel- oder Falttüren können sinnvoll sein.

Anschlagtüren

Anschlagtüren werden an einer Seite des Türrahmens mit Türbändern „angeschlagen", sprich: befestigt. Das Türblatt überstreicht beim Öffnen einen Teil der Raumfläche. In der Regel wird das Türblatt beim Schließen in eine Dichtung am Rahmenfalz gedrückt, sodass die Tür die Wandöffnung abdichtet und einen guten Schallschutz im Raum bietet. In geschlossenem Zustand entsteht eine optische und akustische Trennung der angrenzenden Räume. Stumpf anschlagende Türen wirken optisch eleganter.

Eine Anschlagtür besteht aus dem beweglichen Türblatt, der Zarge, auch Türrahmen genannt, den Türbändern, auch Scharniere genannt, und den Beschlägen. Alle Bestandteile müssen genau aufeinander abgestimmt sein. Innentüren können rechts- oder linksdrehend eingebaut werden und je nach Raumnutzung unterschiedlich breit sein. Die Standardbreite liegt zwischen 61,0 und 98,5 cm. Für Wohnräume bewährt sich meist eine lichte Durchgangsbreite von 86 cm, die dafür nötige Rohbauöffnung beträgt 88,5 cm.

Anschlagtüren können ein- oder zweiflüglig sein. Man unterscheidet einfache Innentüren und Innentüren, die bei raumhoher Rohbauöffnung vom Boden bis zur Decke reichen. Einfache Innentüren sind nach DIN-Norm gefertigt und reichen vom Boden bis zum Türsturz, der meist in einer Höhe von etwas über 2 m verläuft. Bei raumhohen Türen kann entweder das Türblatt selbst raumhoch ausgeführt sein oder die Tür wird nach oben hin durch einen Rahmen ergänzt, der ein Oberlicht oder eine geschlossene Blende enthält.

Zargen

Zargen bilden den Rahmen und die Aufhängung für das Türblatt. Sie bestehen im Wohnbereich überwiegend aus Holz oder Holzwerkstoffen, im Keller oder in Nebenräumen auch aus Stahl. Zargen sind nicht in den Fußboden integriert, sondern beziehen sich auf die Oberkante des fertigen Fußbodens, ihre Kanten können gerundet, glattkantig oder profiliert sein. Man unterscheidet

- Umfassungszargen
- Eckzargen
- Blockzargen und
- Stockzargen.

Umfassungszargen verlaufen entlang der gesamten Wandöffnung und schützen die Mauerkanten ringsum. Eckzargen sind halbe Umfassungszargen und werden auf dem Wandeck montiert. Dies kann bei sehr geringen oder sehr tiefen Laibungen erforderlich sein und die Funktionalität steht dabei gegenüber der Optik im Vordergrund. Blockzargen werden in der Wandöffnung eingebaut, meist schließen sie dabei außen und innen bündig an die Wandfläche an, sodass auch das Türblatt flächenbündig in die Wandfläche integriert sein kann. Stockzargen werden ebenfalls in der Wandöffnung eingebaut, sind jedoch schmaler als Blockzargen und wirken wie ein Fensterstock. Sie eignen sich besonders gut für den nachträglichen Einbau im Rahmen einer Sanierung und für Sichtmauerwerk.

Die Maße von Zarge und Türblatt müssen genau aufeinander abgestimmt sein. Meist wird dasselbe Material verwendet und die Kanten gleich ausgeführt. Andersfarbige Zargen oder solche, die aus einem anderen Material als das Türblatt bestehen, können gestalterische Akzente setzen, denn sie wirken wie ein Rahmen.

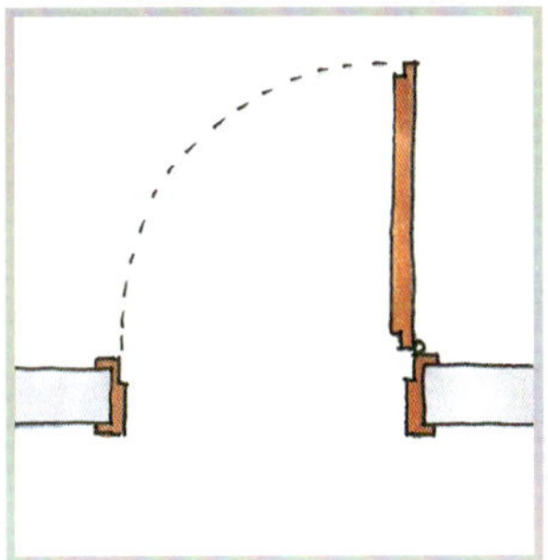

Die Umfassungszarge die gebräuchlichste. Nach dem Verputzen der Wandflächen wird die Zarge einfach über die unverputzte Laibung gestülpt.

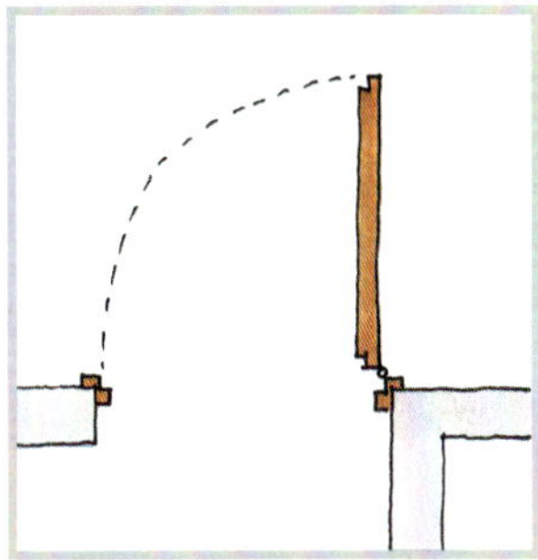

Eckzargen werden auf den Wandecken montiert. Dies kommt in Betracht, wenn die Zarge nicht innerhalb der Türöffnung befestigt werden kann.

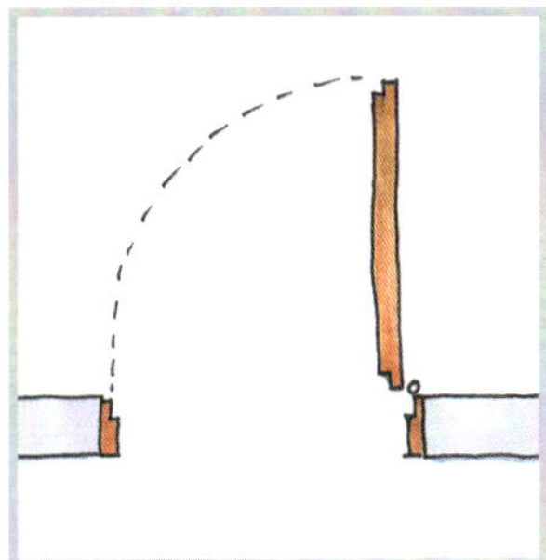

Blockzargen funktionieren wie Stockzargen, wobei die Zarge meist komplett die Maueröffnung überdeckt. Wichtig ist ein sauberer Putzanschluss.

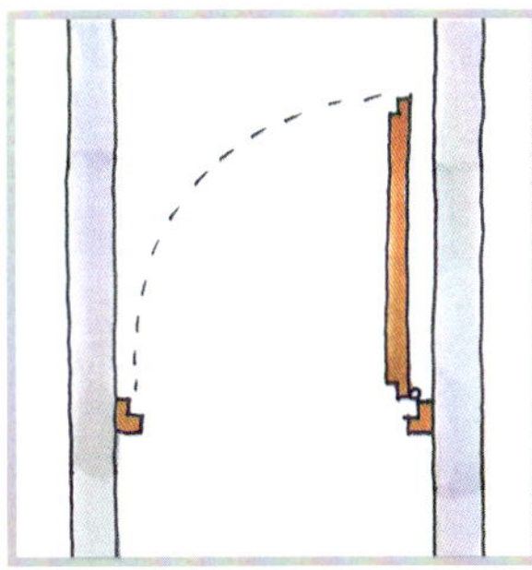

Stockzargen werden wie Fenster eingebaut und eignen sich vor allem für enge Flure. Stockzargen müssen immer nachträglich eingeputzt werden.

Schiebetüren

Schiebetüren werden an Laufschienen oder auf Rollen bewegt, die an Wand oder Decke angebracht sind. Beim Öffnen wird das Türblatt parallel zur Wandfläche verschoben. Durch den fehlenden Schwenkbereich gewinnt man nutzbare Raumfläche, denn in geöffnetem Zustand steht kein Türblatt im Weg. Das Schiebeelement kann auch in Einbaumöbel entlang der Wand integriert werden, sodass es geöffnet von außen nicht mehr sichtbar ist.

Ein großer Vorteil von Schiebetüren ist außerdem, dass Räume großflächig ineinander übergehen können, da größere Durchgangsbreiten als bei Anschlagtüren möglich sind. Dies ist besonders angenehm zwischen Küche und Esszimmer oder zwischen Ess- und Wohnbereich. Schiebetüren lassen sich sehr komfortabel bedienen und sind auch für Rollstuhlfahrer ideal. Allerdings müssen die Schienen gewartet werden, und aufgrund der offenen Fugen zwischen Türblatt und Wand bieten Schiebetüren deutlich weniger Schallschutz als Anschlagtüren.

Lichtschalter und Steckdosen gut planen

Schiebetüren können vor der Wand oder zwischen zwei Wandscheiben bzw. Möbeleinbauten verschoben werden. Dies hat Auswirkungen auf die Elektroplanung: bedeckt das Schiebeelement im geöffneten Zustand die Wandfläche, können dort weder Lichtschalter noch Steckdosen angebracht werden. Verläuft das Schiebeelement hingegen zwischen zwei Wandscheiben, sollte mindestens eine der Wandscheiben entsprechend dick sein, um Platz für die Anschlüsse und Schalter zu bieten.

Falttüren, Drehfalttüren (Raumspartüren)

Falttüren öffnen und schließen nach dem Prinzip einer Ziehharmonika. Sie sind bei beengten Platzverhältnissen eine preiswerte Alternativlösung, wenn z. B. keine Fläche zur Montage eines Schienensystems zur Verfügung steht. Allerdings bieten sie so gut wie keinen Schallschutz. Noch platzsparender sind Drehfalttüren, auch Raumspartüren genannt. Sie sehen aus wie eine Anschlagtür und öffnen zunächst auch so, falten sich dann aber und minimieren dadurch den Schwenkbereich. Optisch wirken sie wie eine Anschlagtür und fallen daher nicht auf, gleichzeitig beanspruchen sie aber beim Öffnen wesentlich weniger Platz.

Raumsparende Falttür. Die kurzen Türsegmente stehen im zusammengeschobenen Zustand nicht in den Raum hinein.

Elegante Lösung durch abgeschrägten Türfalz. Im geschlossenen Zustand „verschwindet" das Türblatt flächig in der Wand.

Türblätter

Bei Innentüren unterscheidet man zwischen Türblättern, die aus Holzwerkstoffen zusammengesetzt sind, und solchen aus Massivholz, Glas oder Stahl.

Massivholztüren

Türblätter aus Massivholz sehen durch ihre Maserung sehr natürlich und lebendig aus, haben eine warme Ausstrahlung, sind langlebig und robust. Da Massivholz bei Temperatur- und Feuchtigkeitsschwankungen „arbeitet" und sich das Türblatt verziehen kann, bestehen massive Türblätter heute meist aus drei miteinander verleimten Schichten Holz, sogenannte Dreischichtplatten. Die Holzoberflächen können mit Wachs, Öl, Lasur oder Lack veredelt werden. Massivholztüren sind hochwertig und passen durch die verschiedenen Möglichkeiten der Ausführung zu fast jedem Einrichtungsstil – von schlichter Eleganz bis zum rustikalen Landhaus-Stil, bei dem Türblatt und Zarge mit gefrästen Massivholzprofilen kombiniert werden.

Holzwerkstofftüren

Türen aus Holzwerkstoffen werden am meisten verwendet. Sie bestehen aus einer Mittellage, die von einem umlaufenden Holzrahmen umgeben und auf beiden Seiten mit Platten verkleidet ist. Die „Mittellage", auch Türaufbau genannt, bezeichnet das Innenleben einer Tür. Sie ist entscheidend für die Stabilität, Belastbarkeit und schalldämmende Wirkung einer Tür. Mittellagen können aus verschiedenen Kernen bestehen.

Abgeschrägter Türblattfalz

Eine Besonderheit stellen Türen dar, die ohne sichtbaren Türrahmen durch einen im 45°-Winkel angeschnittenen Türfalz flächenbündig in der Wandöffnung sitzen. Sie sorgen im geschlossenen Zustand für einen klaren Raumeindruck mit homogener Wandfläche. Im geöffneten Zustand wirken sie dagegen wegen der abgeschrägten Kanten beinahe wie ein Möbel, vor allem, wenn die Oberfläche des Türblatts und die Kanten aus verschiedenen Materialien bestehen. Diese Türen können nur magnetisch geöffnet und geschlossen werden.

Mittellage von Holzwerkstofftüren

Wabenkern

Die Wabenkern-Mittellage ist die einfachste und preiswerteste Variante. Sie besteht aus einem wabenförmigen Verbund steifer Pappe, wodurch die Tür leicht und bei normaler Beanspruchung stabil ist. Allerdings bietet sie einen geringen Schallschutz.

Das äußere Rahmenholz besteht hier aus Kunststoff und wird von der Decklage des Türblatts überdeckt. Es wird als Einleimer bezeichnet.

Röhrenspankern

Hier bilden Spanplatten oder zusammengesetzte Spanplattenstreifen mit ausgefrästen Röhren die Mittellage. Der Röhrenspankern ist viel stabiler und besser schalldämmend als ein Wabenkern. Außerdem schließt die Tür „satter".

Das Rahmenholz aus Buchenholz ist rundum sichtbar und betont optisch die Kante. Es wird als Anleimer bezeichnet.

Vollspankern

Beim Vollspankern besteht die Mittellage aus einer massiven Spanplatte. Die Tür ist schwerer als mit Waben- oder Röhrenspankern, äußerst stabil und bietet einen hohen Schallschutz. Aufgrund ihres höheren Gewichts schließt die Tür „satt". In die Spanplatte können auch verglaste Lichtausschnitte eingefügt werden.

Einleimer aus Buchenholz, überdeckt von der Decklage des Türblatts

Oberflächen von Holzwerkstofftüren

Melaminharz

Innentüren mit Melaminharzbeschichtung sind in privaten Haushalten die am häufigsten vorkommenden Türen. Sie sind pflegeleicht und die preiswerteste Oberflächenvariante.

Lack

Weiß lackierte Innentüren haben meist eine seidenmatte Oberfläche, sind zeitlos-elegant und wirken optisch wie ein Teil der Wandfläche. Farbig lackierte Türen hingegen betonen die Wandöffnung und setzen durch den Kontrast gestalterische Akzente.

Furnier

Als Furnier bezeichnet man eine hauchdünne Holzschicht. Aufgrund seiner Echtholzoberfläche hat das Furnier eine ebenso warme Ausstrahlung wie Massivholz. Zur Herstellung von Furnier wird ein Baum in viele dünne Schichten geschnitten. Dadurch ist jede Furnieroberfläche mit ihrer unterschiedlichen Maserung und Farbe ein Unikat. Mit einer Oberfläche aus Furnier bieten sich viele gestalterische Möglichkeiten, da verschiedenste Holzarten verwendet werden können. Furnieroberflächen sind pflegeleicht und können zur Veredelung und zum Schutz lackiert, lasiert, geölt oder gewachst werden.

Abstand zur Wand beachten

Anschlag- bzw. Drehfügeltüren, die unmittelbar an eine seitliche Raumwand angrenzen, müssen zu dieser einen Mindestabstand von 6 cm haben, um im 90°-Winkel aufgehen zu können. Anderenfalls stößt der Türgriff an die Wand und verhindert ein vollständiges Öffnen der Tür. Ist nicht genügend Platz vorhanden, um den Abstand einhalten zu können, sollten Sie eine kleinere Tür wählen.

CPL (Continuous Pressure Laminate)

CPL ist ein Schichtstoff, der aus mehreren Lagen Papier und Melaminharz besteht, die miteinander verpresst werden. Die Oberfläche ist mit einer Melaminharzschicht versiegelt. Fast jedes Dekor ist möglich, wobei Holzdekore optisch kaum von Furnier zu unterscheiden sind. Die mit CPL beschichtete Türoberfläche ist äußerst kratz- und stoßfest, lässt sich leicht abwischen und dunkelt nicht nach. CPL-Oberflächen eignen sich vor allem für stark beanspruchte Türen.

Folie

Dekorfolien bestehen aus Kunststoff und sind in Holzoptik und anderen Dekoren erhältlich. Die Folie wird auf das Türblatt gepresst und anschließend zum Schutz lackiert. Die Oberfläche ist pflegeleicht, aber gegen Kratzer und andere Beanspruchungen nicht so widerstandsfähig wie z. B. CPL.

Oben: **Beidseits der Tür angeordnete Klarglasflächen lassen die Räume optisch ineinander übergehen.**

Die Glasschiebetür wird an Schienen oberhalb des Türsturzes verschoben, sodass sich im Bodenbereich ein schwellenloser Übergang ergibt.

Restaurieren und Austausch von alten Türen

Alte Türen, die Spuren jahrelanger Benutzung zeigen, können Sie nach dem Anschleifen lackieren oder mit Dekorfolien bekleben, um die Optik aufzufrischen. Wenn Ihre alte Tür allerdings nicht mehr gut schließt oder der Schall- bzw. Wärmeschutz zu wünschen übrig lässt, sollten Sie überlegen, die Tür austauschen. Manche Firmen bieten Türplaner-Apps für den Austausch von Innentüren an. Anhand von Bildern können Sie so auf Ihrem Smartphone oder Tablet die Tür vor dem Kauf simulieren und prüfen, ob Maße und Optik der gewählten Tür passen. Dazu müssen Sie nur ein Foto des betreffenden Raums aufnehmen und mithilfe der App anstelle der alten Tür eine neue einsetzen.

Ganzglastüren

Ganzglastüren sind rahmenlos, unterteilen Räume und verbinden sie gleichzeitig optisch miteinander. Durch den Lichteinfall und die Transparenz des Glases wirkt der Raum offen, weit und größer, als er tatsächlich ist. Durchblicke und Einblicke sind möglich. Glastüren können auch direkt an eine angrenzende Wand anschließen. Die Glasfläche besteht meist aus etwa 8 mm dickem Einscheiben-Sicherheitsglas oder aus Verbund-Sicherheitsglas, ist pflegeleicht und bietet viele unterschiedliche Gestaltungsmöglichkeiten: sie kann entweder klar oder satiniert, sandgestrahlt oder geschliffen sein, durch Siebdruck individuelle Strukturen erhalten, farbig lackiert oder mit bedruckten Folien beklebt werden. Eine weitere attraktive Variante besteht darin, Materialien wie Gräser, Blätter, hauchdünnes Holzfurnier oder geklöppelte Textilien als Inlay in den Glaszwischenraum einzulaminieren. Firmen, die sich auf diese Technik spezialisiert haben, fertigen auf Maß individuelle Unikate.

Rahmentüren mit Glaseinsätzen

Türen mit Glaseinsätzen haben den Vorteil, dass ein angrenzender fensterloser Bereich, z. B. ein Flur, Tageslicht erhält. Derartige Lichtausschnitte sind in vielen Varianten erhältlich und können auch vollflächig integriert sein, sodass das Türblatt nur noch einen Rahmen bildet. Ist die Rohbauöffnung raumhoch angelegt, bieten sich auch Lichtausschnitte über dem Türblatt an. Verglaste Seitenteile lassen nicht nur Tageslicht herein, sondern bieten attraktive gestalterische Möglichkeiten, indem sie Räume größer und offener wirken lassen, ganz besonders bei einer raumhohen Rohbauöffnung.

Stahltüren

Stahltüren sind äußerst robust und bieten hervorragenden Schall-, Wärme- und Brandschutz. In Wohngebäuden werden sie meist für Kellertüren oder für den Übergang vom Haus zur Garage eingesetzt. Weiß oder farbig lackiert, können sie aber auch im Wohnbereich gut zur Geltung kommen.

Türbänder

Türbänder, umgangssprachlich auch Türangeln genannt, dienen als Scharnier zwischen Türblatt und Zarge: Sie halten und führen das Türblatt, sorgen dafür, dass es sich leicht bewegen und die Tür sich gut öffnen und schließen lässt. Türbänder können zweidimensional verstellbar sein, was das seitliche Ausrichten des Türblatts erlaubt. Sind Türbänder hingegen dreidimensional verstellbar, kann das Türblatt zudem in der Höhe angepasst werden.

Verdeckt liegende Türbänder

Optisch besonders ansprechend ist es, wenn die Türbänder verdeckt angeordnet und somit bei geschlossener Tür nicht erkennbar sind. Diese Einbauvariante führt bei flächenbündig in die Wand integrierten Türen zu einer homogenen Wandoberfläche, was sehr elegant wirken kann. Voraussetzung dafür sind stumpf anschlagende Türen.

Beschläge

Türbeschläge bestehen meist aus demselben Material wie die Türbänder, z. B. aus mattem oder poliertem Aluminium, Edelstahl oder Messing. Sie können auch mit Kunststoff ummantelt sein.

Zu den Türbeschlägen zählen neben den Türbändern der Türgriff, das Schloss und das Schließblech, das als Gegenstück zum Riegel an der Zarge angebracht ist und diese vor Abnutzung schützt. Mit sogenannten Flüsterschlössern schließen Türen besonders leise.

Bei Türen, die nicht abgeschlossen werden müssen, bietet sich ein Magnetverschluss an. Schlüssellochbohrung und Türklinke sind dann überflüssig, die Tür wird mit Griff oder Türstange einfach auf- und zugedrückt. Ein Magnetverschluss bietet mehr Freiheit bei der Oberflächengestaltung des Türblatts und erlaubt ein sanftes und geräuschloses Öffnen sowie Schließen der Tür.

Türgriff und Schloss aus Bronze

Bis ins Detail durchdachte Lichtplanung: Küchentresen und Weinregal im Hintergrund tragen durch ihre Beleuchtung zu einer stimmungsvollen Raumatmosphäre bei.

Elektroplanung und Beleuchtung

Licht ist ein wesentlicher Faktor der Lebensqualität. Während eine gute Versorgung mit Tageslicht zum Bestandteil der Entwurfsplanung gehört, werden im Rahmen der Licht- und Elektroplanung die Weichen für die optimale Kunst-Beleuchtung der Räume gestellt. Dazu werden Anzahl und Lage von Steckdosen, Lichtschaltern und Stromauslässen festgelegt. Eine sorgfältige Planung sämtlicher Stromanschlüsse ist sehr wichtig, da die Leitungen meistens im geschlitzten Mauerwerk oder im Betonboden verlegt werden, und sich neue Leitungen später nur mit großem Aufwand einziehen lassen. In Trockenbauwänden werden die Leitungen dagegen nur eingelegt, doch auch hier ist ein späteres Nachrüsten mit Aufwand und Kosten verbunden. Im Altbau können nachträglich verlegte Kabel über einer abgehängten Decke „verschwinden".

Checkliste Licht- und Elektroplanung

- ▷ In welchen Räumen möchten Sie Elektrogeräte aufstellen oder anschließen?
- ▷ An welchen Stellen benötigen Sie Wand- und Deckenauslässe für Steckdosen, Lichtschalter und Kabelkanäle?
- ▷ Möchten Sie Ihren PC mit Kabel oder mit W-LAN nutzen?
- ▷ An welchen Stellen sind für Sie zusätzliche Lichtschalter wichtig?

Lichtplanung

Mit einer ausreichenden Anzahl und Art hochwertiger Lichtquellen in verschiedenen Beleuchtungsstärken können Sie unterschiedliche Raumstimmungen erzeugen, Oberflächen und Farben betonen, attraktive Lichtakzente setzen und so den Raum abwechslungsreich gestalten. Eine Leuchte kann, auch im ausgeschalteten Zustand, ähnlich wie ein Möbel als Designobjekt wirken oder rein funktional und möglichst unauffällig sein.

Die notwendige Beleuchtung eines Raums richtet sich immer nach dessen Nutzung. Für die Grundbeleuchtung muss es jedoch nicht die klassische Deckenlampe sein. Besonders gut eignen sich Stromliniensysteme, bei denen Strahler oder Lichtspots an Seilen oder Stangen quer durch den Raum gespannt sind und sich individuell verstellen lassen.

Oben: **Die indirekte Beleuchtung in Kombination mit Holz und Naturstein wertet das Bad zu einem Wellness-Bereich auf.**

Rechte Seite: **Über dem Esstisch ist eine blendfreie Beleuchtung besonders wichtig.**

Unten: **Design-Leuchten für den Essplatz.**

Lichtschalter sollten immer neben der Tür auf der Seite des Türgriffs liegen, sodass man sie beim Betreten und Verlassen des Raums leicht mit der Hand erreichen kann. In Räumen mit mehr als 20 m² Fläche sind zusätzliche Lichtschalter sinnvoll.

Licht in Küche, Bad und WC

Küche und Bad sollten neben einer gleichmäßigen Grundbeleuchtung auch mit hellen, schatten- und blendfreien Lichtquellen über oder neben dem Spiegel bzw. über den Arbeitsflächen ausgestattet sein. Mehrere Steckdosen, davon auch eine im Gäste-WC, sollten ebenfalls eingeplant werden. In Feucht- und Nassräumen müssen alle Leuchten und Steckdosen so angelegt werden, dass keine Gefahr eines Stromschlags entsteht. Die DIN-Norm gibt konkrete Regeln für elektrische Anlagen im Bad vor, das hierfür in unterschiedliche Schutzbereiche eingeteilt wird.

Licht im Wohn- und Essbereich

Im Wohnzimmer, das häufig mit dem Esszimmer einen großen Raum bildet, sind auch bei ausreichender Grundbeleuchtung punktuelle Lichtquellen unterschiedlicher Art wichtig, z. B. in Form von Wand- oder Bodenleuchten, Leseleuchten, Deckenflutern oder Akzentleuchten. Dadurch kann der Raum vielfältig genutzt und abends eine gemütliche Raumstimmung erzeugt werden. Lichtschienen entlang der Decke erlauben das Schieben und Schwenken einzelner Leuchten, wodurch je nach Bedarf ein bestimmter Raumbereich, ein Bild oder ein Möbelstück angestrahlt werden kann. Für die Leseecke sind hingegen verstell-, schwenk- und dimmbare Stehleuchten sinnvoll, während sich über dem Esstisch höhenverstellbare und eventuell ebenfalls dimmbare Pendelleuchten bewähren. Wichtig dabei ist, dass Leuchten nicht blenden dürfen, was besonders für Tischleuchten gilt.

Von hinten beleuchtete, durchscheinende Oberflächen, wie mattiertes Glas, Papier oder Textilien, sorgen für weiches indirektes Licht und eine stilvolle Raumatmosphäre. Unter der Decke verdeckt angebrachte Linienleuchten betonen die Raumkanten, wodurch der Raum insgesamt heller und höher wirkt. Für die indirekte Beleuchtung kann entweder ein zuvor eingeplanter Rücksprung zwischen Wand und Decke genutzt oder die Leuchte mit einer durchgehenden Blende verdeckt werden.

Energieeffiziente Beleuchtung mit LED

LEDs (Light Emitting Diode) sind derzeit die sparsamsten Leuchten bei gleichzeitig hoher Lichtqualität. Ein LED-Strahler mit 3 W entspricht in der Leuchtkraft einem Halogenstrahler von ca. 20 W. Inzwischen sind LEDs so weit entwickelt, dass die Lichtfarben im Gegensatz zu denen der ersten Modelle im angenehm warmweißen Bereich liegen. LEDs sind extrem langlebig und beim Einschalten sofort hell. Sie sind gesundheitlich unbedenklich und passen in alle herkömmlichen Leuchten, haben jedoch einen geringeren Strahlungswinkel als andere Leuchtmittel. Zum Dimmen eignen sich nur speziell dafür ausgelegte LED-Leuchten. Beim Kauf sollten Sie darauf achten, dass der Wert für den Farbwiedergabe-Index Ra, der die Lichtfarbe beschreibt, bei mehr als 80 liegt. Bedenken Sie auch, dass bei vielen Leuchten aufgrund der hohen Lebensdauer der LED ein Austausch des Leuchtmittels nicht vorgesehen und daher nicht möglich ist.

Rechts und rechte Seite: Verdeckt angeordnete Lichtleisten erweitern optisch den Raum, wirken geheimnisvoll und können im Bodenbereich für mehr Sicherheit sorgen.

Kabelsalat vermeiden durch Elektro-Leerrohre

Können oder möchten Sie sich mit der Anzahl der Wandauslässe für Stromkabel noch nicht festlegen, da Sie z. B. noch nicht wissen, wo genau Sie Elektrogeräte aufstellen werden, bieten Elektro-Leerrohre gute Dienste. Hierbei handelt es sich um starre oder flexible Rohre aus Kunststoff oder Metall, die noch vor dem Innenausbau im Mauerwerk oder im Betonboden verlegt werden. Durch diese Rohre können Sie zu einem späteren Zeitpunkt Stromkabel nachrüsten oder vorhandene austauschen, ohne dass dafür die Wand oder der Boden aufgestemmt werden müssen. Die Alternative zum Aufstemmen der Wand und zu Leerrohren wäre ein unansehnlicher Kabelsalat.

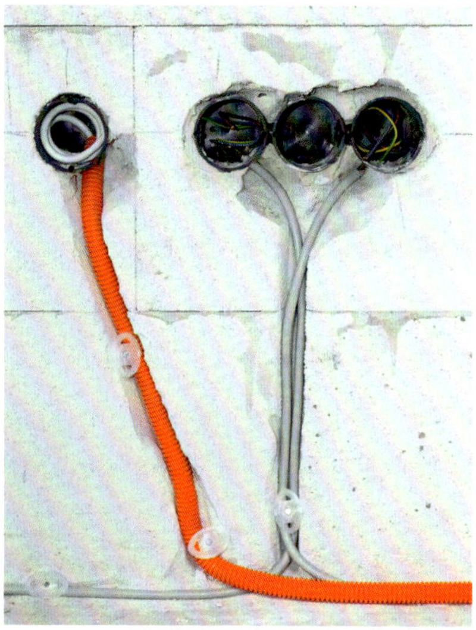

Licht für Diele, Flur und Treppen

Sicherheit und attraktive Optik schließen einander nicht aus. Wenn Treppenstufen beleuchtet werden, sind sie wesentlich sicherer, und die Beleuchtung trägt zu einem stimmungsvollen Raumeindruck bei. Trittstufen, die etwas über die Setzstufen hinausragen, können indirekt von unten beleuchtet werden. Alternativ bieten sich Lichtspots an, die in Höhe der Stufen in die parallel zur Treppe verlaufende Wandfläche integriert sind. Neben einer Beleuchtung der Stufen wirken auch Handläufe, die in der Wandfläche versenkt verlaufen und von unten beleuchtet werden, sehr dekorativ.

In Diele und Flur können neben einer ausreichend hellen und zugleich warmen Beleuchtung auch bodennahe punktuelle Gehlichter sinnvoll sein, die nur eine geringe Leuchtstärke haben und z. B. nachts per Bewegungsmelder auslösen.

Licht in Schlaf- und Kinderzimmer

Im Schlafzimmer sollten neben einer guten Grundbeleuchtung Anschlüsse für Nachttischlampen vorhanden sein. Auch eine gezielte Lichtquelle vor dem Kleiderschrank kann sinnvoll sein, vor allem, wenn die Fronten aus Spiegeln bestehen. Ein zusätzlicher Lichtschalter am Bett, mit dem man im Liegen alle Lichtquellen im Schlafzimmer gleichzeitig bedienen kann, erhöht den Komfort erheblich. In Kinderzimmern sind neben der Grundbeleuchtung zusätzlich punktuelle Leuchten am Arbeitsplatz, am Nachttisch und in einer eventuellen Leseecke wichtig.

EVA STEIN 97

Oben und rechts: **Treppen sind weit mehr als Aufstiegshilfen: sie können als Design-Objekte Räume prägen und bereichern.**

Treppen

Innentreppen prägen als dominantes gestalterisches Element maßgeblich den Raumeindruck. Es lohnt sich, Konstruktion, Form und Materialien sorgfältig auszuwählen, damit die Treppe zum jeweiligen Innenraum und zum Stil des gesamten Hauses passt. Treppen sind allerdings auch Gebrauchsgegenstände und werden häufig, meist sogar mehrmals täglich benutzt. Daher müssen sie nicht nur schön, sondern auch ausreichend breit und bequem zu begehen sein. Während Betontreppen bereits im Rohbau eingesetzt und die Stufen später in aller Regel verkleidet werden, kommen Holz- oder Stahltreppen erst im Rahmen des Innenausbaus hinzu. Unabhängig von der Tragkonstruktion und der gestalterischen Ausführung muss eine Treppe stabil und trittsicher sein. Dafür gibt es genau festgelegte Anforderungen, die in den Bauordnungen geregelt sind. Für das bequeme Begehen einer Treppe ist das Steigungsverhältnis, also das Verhältnis

Checkliste für die Treppenplanung

- ▷ Ist die Treppe für Wohnraum oder Flur vorgesehen?
- ▷ Falls im Wohnraum: Soll sie frei stehen, entlang der Wand verlaufen oder zwischen zwei Wandscheiben?
- ▷ Falls im Flur: Soll sie offen die Geschosse erschließen oder als Treppenhaus mit Türen?
- ▷ Wie viel Platz steht für die Treppe zur Verfügung?
- ▷ Soll die Treppe gerade verlaufen, ein Podest haben oder gewendelt sein?
- ▷ Soll sie repräsentativ oder eher schlicht sein?
- ▷ Soll sie transparent und kommunikationsfördernd oder massiv und rein funktional sein?
- ▷ Reicht überall die Durchgangshöhe von 2 m ab Stufenvorderkante über der Treppe, vor allem unterm Schrägdach?
- ▷ Soll der Raum unter der Treppe als Stauraum genutzt werden?

von Trittstufe zu Tritthöhe entscheidend, das meist 18 auf 27 cm und im günstigsten Fall sogar 17 auf 29 cm beträgt. Wie das optimale Steigungsverhältnis berechnet wird, ist im Kapitel Rohbau beschrieben. Treppen sollten nach Möglichkeit eine lichte Durchgangsbreite von 80 cm haben, um auch Möbel oder andere größere Gegenstände gut transportieren zu können. Für baurechtlich notwendige Treppen, die z. B. als Rettungswege dienen, ist diese Mindestbreite sogar Vorschrift. Für jede Anforderung und jeden Anspruch gibt es Treppen in vielen Gestaltungsvarianten und unterschiedlichen Materialien. Beispielsweise können Treppen frei im Raum stehend die Geschosse miteinander verbinden oder entlang einer Wand verlaufen. Eine weitere Möglichkeit besteht darin, die Treppe exakt zwischen zwei halbhohen oder raumhohen Wandscheiben einzupassen, die den Treppenlauf rahmen und eine Brüstung überflüssig machen.

Gebräuchliche Materialien für Treppen

Treppen aus Holz

Mit Holz sind verschiedenste geschlossene und offene Treppenausführungen möglich. Für Holztreppen eignen sich am besten Laubhölzer wie Buchen-, Eschen-, Eichen- oder Robinienholz, da sie härter und robuster sind als Nadelhölzer. Treppenstufen aus Massivholz sind sehr langlebig, denn sie lassen sich durch Abschleifen und Versiegeln immer wieder erneuern.

Treppen aus Holz und Stahl

Die Materialien Holz und Stahl passen sehr gut zusammen und sind in Kombination für Treppen sehr beliebt. Meist handelt es sich um Wangentreppen, wobei die Wangen aus Stahl und die Trittstufen aus Holz bestehen. An die Wangen geschweißte Stahlwinkel oder Stahlauflager tragen die daran geschraubten Trittstufen. Kombinierte Holz-Stahl-Wangentreppen wirken edel, leicht und transparent – durch das Fehlen der Setzstufen kann man zwischen den Trittstufen frei hindurchsehen, was in beengten Räumen für optische Großzügigkeit sorgt.

Lichtspots in Stufennähe sorgen für Orientierung und Sicherheit.

Die Beleuchtung unter dem Handlauf akzentuiert die Stufen und lässt die Betontreppe leichter wirken, als sie ist.

Treppen aus Stahl

Stahltreppen passen durch ihre unterschiedlichen Ausführungen und Metalloberflächen zu vielen Einrichtungsstilen. Häufig werden Wendeltreppen aus Stahl hergestellt, die vor allem in modernen Innenräumen mit großen Glasflächen gut zur Geltung kommen. Allerdings können Stahltreppen nachschwingen und beim Begehen lauter sein als Holztreppen.

Treppen aus Beton

Treppen aus Beton haben den Vorteil, dass sie bereits im Rohbau benutzt werden können. Sie wirken massiv und zweckmäßig und können bei entsprechender Gestaltung, z. B. wenn sie an den Seiten verputzt und die Stufen mit anderen Materialien verkleidet werden, sehr ansprechend aussehen. Der Treppenbelag kann z. B. aus Holz, Naturstein, Fliesen, Linoleum oder Teppichboden bestehen.

Oben: Auch gewendelte Treppen können ein gestalterisches Highlight darstellen.

Unten: Einläufige Treppen sind sehr bequem und sicher zu begehen und wirken zugleich dynamisch und klar. Sie beanspruchen jedoch deutlich mehr Fläche als gewendelte Treppen.

Treppen-Varianten im Grundriss

Form und Konstruktion einer Innentreppe richten sich nach dem verfügbaren Platz, der Anordnung der Räume zueinander, den Raumhöhen und der gewünschten Raumwirkung. Im Wesentlichen unterscheidet man folgende Varianten:

Gerade Treppenläufe

Einläufige Treppe

Gerade einläufige Treppen wirken schlicht und prägnant und sind bequem zu begehen. Allerdings beanspruchen sie viel Platz in der Länge, da sich An- und Austritt gegenüberliegen. Der Raum unter dem Treppenlauf kann als Stauraum dienen, wenn die Seitenflächen verkleidet werden. Auch ein dem Treppenlauf angepasstes Regal bietet sich bei geraden Treppen an.

Zweiläufige Podesttreppe

Hier ändert sich die Laufrichtung nach ungefähr der halben Lauflänge entweder um 90° oder um 180°. Zweiläufige Treppen sind sehr bequem zu begehen, denn das Podest erlaubt ein Ausruhen.

Gerundete Treppenläufe

Gewendelte Treppen

Treppen können ganz, halb, viertel- oder nur am An- oder Austritt gewendelt sein. Sie nehmen weniger Platz ein als gerade Treppen, allerdings verjüngen sich die gewendelten Trittstufen zur Innenseite hin. Im 360°-Kreis gewendelte Treppen sind sehr platzsparend und wirken zugleich dekorativ. Alle Trittstufen verjüngen sich nach innen, was das bequeme Begehen einschränkt, die Sturzgefahr erhöht und es erschwert, große Gegenstände zu transportieren.

Spindeltreppen

Bei Spindeltreppen besteht im Gegensatz zu Wendeltreppen das Treppenauge aus einer Stütze, an der die Trittstufen befestigt sind. Die Stufen verjüngen sich dadurch nach innen stark. Diese Treppenform ist zwar sehr platzsparend, allerdings nicht sehr bequem zu begehen, weshalb sie sich nur für wenig genutzte Bereiche eignet.

Raumspartreppen

Bei Raumspartreppen haben die Trittstufen zueinander versetzt an beiden Seiten verschiedene Tiefen, sodass vorgegeben ist, mit welchem Fuß man jeweils welche Stufe betreten muss. Diese Treppen beanspruchen extrem wenig Platz und sehen pfiffig aus, sind jedoch nicht ganz einfach zu begehen. Alternativ eignen sich Einschubtreppen zur Erschließung des Dachraums über eine Luke.

Links: **Raumsparlösung für steile Treppen. Die Trittstufen sind so angeordnet, dass man jede Stufe nur mit einem bestimmten Fuß betreten kann.**

Treppenkonstruktionen

Leichte Treppen

Leichte Treppen sind offene Konstruktionen, bei denen die Setzstufen, d. h. die geschlossenen vertikalen Abstandsflächen fehlen. Hierzu zählen z. B. Wangentreppen, aufgesattelte und abgehängte Treppen. Derartige Treppen wirken filigran, ermöglichen Durchblicke und kommen auch in kleinen Räumen oder engen Raumbereichen gut zur Geltung. Bei Wangentreppen sind die Stufen in die seitlichen Wangen eingeschoben, bei aufgesattelten Treppen liegen sie auf seitlichen oder mittigen Tragkonstruktionen. Besonders filigran wirken aufs Wesentliche reduzierte Treppen: bei einseitig eingespannten Treppen ist jede Stufe einzeln an einer Seite mit der Wand verbunden, während bei abgehängten Treppen die Stufen an Seilen oder Stäben befestigt sind, die zwischen den Geschossdecken wie die Saiten einer Harfe gespannt sind. Diese Treppen wirken minimalistisch und dekorativ zugleich.

Massive Treppen

Massive Treppen bestehen aus einer tragenden Beton-Konstruktion. Ist auch der Sockel massiv ausgebildet, ist die Treppe standfest und kann, wenn sie frei im Raum angeordnet wird, wie eine Skulptur wirken. Eine derartige Treppe benötigt genügend Raum ringsherum, um optisch gut zur Geltung kommen zu können.

Wandseitig eingespannte Treppe in Harfenkonstruktion: Die Stufen sind raumseitig nur an dünnen Stahlseilen befestigt, die zwischen Decke und Boden eingespannt sind, was an die Saiten einer Harfe erinnert.

Wie lässt sich der Platz unter den Treppenstufen nutzen?

Bei nach unten geschlossenen Treppen können Sie den Raum unter den Treppenstufen gut als Stauraum nutzen und gleichzeitig attraktiv gestalten. Verläuft die Treppe entlang einer Wand und ist der Platz im Haus knapp, können Sie mit geringem Aufwand durch das Einziehen einer Trockenbauwand einen kleinen Abstellraum, eine Besen- oder Speisekammer anlegen. Auch ein Gäste-WC ist denkbar, erfordert allerdings deutlich mehr Aufwand durch das Verlegen von Wasserleitungen und Entlüftungsrohren. Elegant und zugleich individuell wirken passgenau gefertigte Einbauschränke, die in Material und Farbe mit dem sonstigen Mobiliar harmonieren. Und schließlich tragen auch offene, unter dem Treppenlauf eingepasste Regale zu einem wohnlichen Raumeindruck bei und bieten gleichzeitig wertvolle Stellflächen z. B. für Bücher.

Optimale Nutzung des Treppenraums: der Platz unter der Treppe bietet sich für maßgefertigte Einbauregale an.

Sanierung alter Treppenstufen

Ausgetretene oder beschädigte Stufen sehen unschön aus und können auch gefährlich sein. Wenn Ihre Treppe als solche intakt und stabil ist und ein vernünftiges Steigungsverhältnis aufweist, können Sie mit handwerklichem Geschick die Stufen selbst restaurieren. Besser wäre es jedoch, die Sanierung einem Fachmann zu überlassen. Vollflächige winkelförmige Stufenaufsätze oder Treppenkantenprofile aus unterschiedlichen Materialien und in verschiedenen Ausführungen überdecken die schadhaften Stellen, sollten aber auch auf die intakten Stufen montiert werden, damit alle Stufen einheitlich hoch sind. Für Podeste gibt es spezielle Podestplatten. Bei aufgesattelten Treppen können Sie auch einzelne Stufen austauschen, die allerdings dieselben Abmessungen wie die übrigen Stufen haben müssen. Der Bestandsbelag am Austritt muss wie das Podest ebenfalls in der Höhe angepasst werden. Massive Holzstufen hingegen lassen sich abschleifen und neu versiegeln, Kerben mit Holzkitt füllen.

Fertigtreppen oder Maßanfertigung?

Fertige Innentreppen werden von vielen Herstellern in hoher Qualität angeboten. Hier können Sie auswählen, ein passendes Modell finden und möglicherweise auch von preisgünstigen Angeboten profitieren. Maßgeschneiderte Treppen hingegen sind individueller. Sie werden von einem Schreiner nach Ihren persönlichen Vorstellungen in hochwertiger Ausführung gefertigt und vor Ort eingepasst. Auch für Einbauschränke unter dem Treppenlauf oder für seitliche Verkleidungen ist der Schreiner der richtige Ansprechpartner.

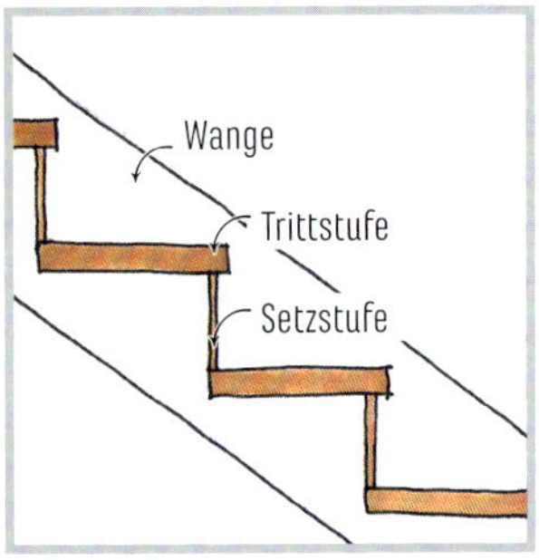

Wangentreppe:

Die Stufen werden rechts und links von „Wangen" gehalten und sind von der Seite nicht sichtbar. Die Absturzsicherung mit Handlauf kann auf der Oberseite der Wange oder seitlich an ihr befestigt sein.

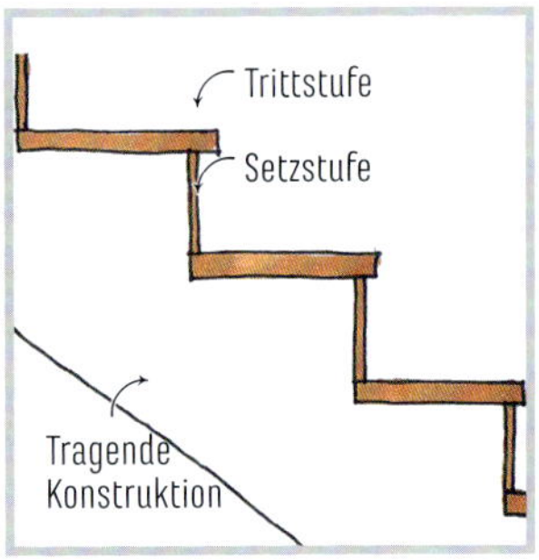

Aufgesattelte Treppe:

Die Stufen liegen auf der Konstruktion auf und können seitlich auch auskragen. Dann müssen Absturzsicherung und Handlauf auf der Stufe befestigt sein.

Rechts 1+2: **Beleuchtete Handläufe sehen edel aus und erhöhen die Sicherheit**

Rechte Seite: **Die zweiläufige Treppe mit zwei versetzten Podesten ist platzsparend, wirkt klar und prägnant und durch die fehlenden Setzstufen gleichzeitig leicht.**

Handlauf

Handläufe sind wichtige Hilfen zum sicheren Hinauf- und Hinabsteigen einer Treppe. Darüber hinaus ist ein Handlauf ein gestalterisches Element, das Aussehen und Wirkung einer Treppe bereichern kann. Er sollte daher nicht, wie häufig bei der Planung von Einfamilienhäusern der Fall, puristischen Designvorstellungen zum Opfer fallen, zumal es an attraktiven Gestaltungsmöglichkeiten nicht mangelt. Nicht nur Kinder und ältere Menschen sind auf einen Handlauf angewiesen, sondern jeder, der vorübergehend durch Unfall gehbehindert oder durch Krankheit geschwächt ist. Ein Abstützen an der die Treppe begrenzenden Wand ersetzt nicht den festen Griff mit der Hand.

Handläufe sollten in einer Höhe zwischen 75 und 110 cm verlaufen und einen Abstand von mindestens 4 cm von der angrenzenden Wand haben. Ideal wäre es, auch einen niedrigeren Handlauf für kleine Kinder anzubringen. Ein Handlauf kann aus Holz oder Metall bzw. aus einer Kombination aus beiden bestehen und rund, eckig oder oval sein. In jedem Fall sollte er jedoch ergonomisch geformt sein und sich gut greifen lassen. Wenn eine Wand die Treppe begrenzt, kann der Handlauf auch in die Wandfläche versenkt werden. Dies wirkt elegant, vor allem mit zusätzlicher indirekter Beleuchtung.

Treppengeländer und Brüstung

An den freien Seitenbereichen einer Treppe muss ab der dritten Stufe ein mindestens 90 cm hohes Geländer vor Absturz schützen. Für Konstruktion, Form und Gestaltung von Geländern gibt es viele Varianten. Geländer können z. B. auf den Stufen oder an den Seiten der Stufen befestigt werden, mit Glas, Metall oder Holz verkleidet sein oder aus Stäben, Platten oder Drähten bestehen. Bei Geländern mit vertikalen Stäben besteht die Gefahr, dass Kinder durchklettern und hinunterfallen können. Daher darf der Abstand der Stäbe in der Regel maximal 12 cm betragen. Die Mindest- und Maximalabstände für die Stäbe von Treppengeländern sind in den Bauverordnungen der einzelnen Länder geregelt.

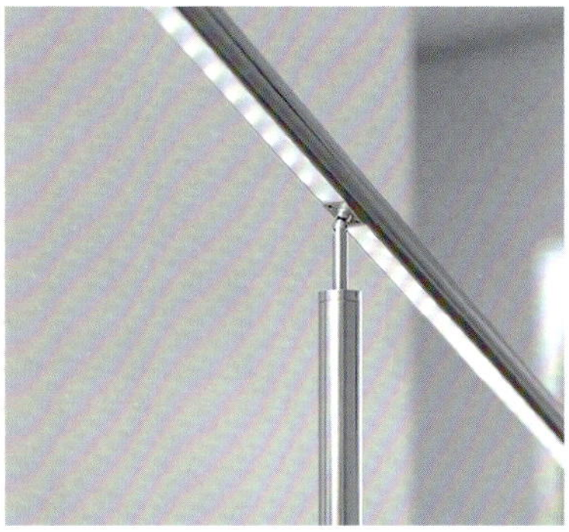

Thema im Fokus

Sicherheit

Bekanntlich passieren die meisten Unfälle im Haushalt und für Stürze sind sehr häufig Treppen verantwortlich. Das Unfallrisiko lässt sich jedoch durch entsprechende bauliche Maßnahmen deutlich reduzieren oder ganz vermeiden. Bei der Sicherheit Ihrer Treppen sollten Sie daher keine Kompromisse eingehen. Das A und O ist ein Handlauf, am besten beidseitig. Geländer und Brüstungen sind Pflicht, und die Stufen sollten mindestens 80 cm breit und bequem zu begehen sein. Treppen mit Setzstufen reduzieren die Gefahr, mit dem Fuß hängenzubleiben und zu stolpern, außerdem können kleine Kinder nicht zwischen den Stufen durchrutschen. Eine gute Beleuchtung der Treppe ist wichtig, damit Schlagschatten vermieden werden und die Kanten gut erkennbar sind. Für Sicherheit sorgen außerdem rutschhemmende Treppenkantenprofile oder Antirutsch-Beläge.

Für die Wandgestaltung gibt es zahllose Möglichkeiten. Experimentieren lohnt sich, um den richtigen Ton zu treffen.

Wand- und Deckengestaltung

Die Wandflächen eines Raums sind in der Summe zwei- bis dreimal so groß wie die Bodenfläche. Sie umgeben uns Tag für Tag und prägen durch ihr Material, ihre Oberfläche und Farbe die Raumatmosphäre maßbeglich. Je nach Art ihrer Gestaltung sorgen sie für eine warme oder kühle, eine rustikale oder moderne, eine neutrale oder nutzungsspezifische Atmosphäre. Wandoberflächen sollten bei der Innenraumplanung dieselbe Aufmerksamkeit wie der Fußbodenbelag erhalten und sorgfältig in Bezug auf das gesamte Raumkonzept geplant werden. Farben und Strukturen der Oberflächen können die Art der Raumnutzung sowie Ihren persönlichen Wohnstil unterstreichen und attraktive Akzente setzen. Wandoberflächen sollen je nach Raumart jedoch nicht nur dekorativ, sondern auch funktional sein. In Bad und Küche müssen sie z. B. in Teilbereichen wasserabweisend ausgestattet sein, in Kinderzimmer und Flur strapazierfähig, und in Räumen, in denen die Musik spielt oder gespielt wird, vielleicht sogar schalldämmend.

Innenputze und Spachtelmassen

Innenputze können wie Außenputze aus zwei Schichten bestehen: dem Unterputz, der Unebenheiten ausgleicht und für die nötige Haftung auf dem Untergrund sorgt, und dem Oberputz, der gestalterische und funktionale Aufgaben erfüllt. Putze werden in der Regel nach der Art der verwendeten Bindemittel, der Zuschlagsstoffe und der Auftragstechnik unterschieden. Mineralische Putze wie Kalk-, Lehm- oder Gipsputze sind atmungsaktiv, während organische Putze wie Dispersions-, Silikonharz- oder Silikatputze wasserabweisend und leicht zu verarbeiten, dafür jedoch weniger atmungsaktiv sind. Lehmputze wirken sogar regulierend auf das Raumklima, da sie Feuchtigkeit aufnehmen und wieder abgeben können.

Die Wahl des Oberputzes und seiner Farbe hängt von der Raumnutzung und vom Einrichtungsstil ab. Klären Sie vor einer Entscheidung zudem ab, wie beanspruchbar der favorisierte Putz ist, wie leicht er sich reinigen und ausbessern lässt.

Dekorputze und Spachtelmassen können durch Struktur, Art und Farbe attraktive Akzente setzen. Für die Wirkung der Wandoberflächen — ob lebendig oder dezent, rau oder glatt, kühl oder mediterran — sind die Körnung des Putzes und die Auftragstechnik entscheidend. Man kann Putze aufspritzen, bürsten, spachteln, wischen oder mit der Glättekelle auftragen und bearbeiten. Sich überlagernde Spachtelschichten ergeben eine Tiefenwirkung, während glatt geschliffene Schichten für samtige oder glänzende Oberflächen sorgen. Körnige Putze wirken lebendig, Glattputze dagegen sind durch ihre besonders feine Oberfläche schmutzabweisend.

Die wichtigsten Putzarten im Überblick

Kalkzementputz

Kalkzementputz ist der am häufigsten verwendete Putz. Er eignet sich für alle Anwendungen, auch für Nassräume.

Lehmputz

Lehmputz besteht aus Ton sowie feinem Sand und sorgt für ein gutes Raumklima, denn er kann überschüssige Feuchtigkeit aus der Raumluft aufnehmen und wieder abgeben. Lehm kann darüber hinaus auch Gerüche aufnehmen und Wärme gut speichern. Zum Trocknen benötigt ein Lehm-

Beim Renovieren

Steckdosen und Lichtschalter reinigen

Beim Streichen von Wänden im Rahmen einer Renovierung werden häufig Lichtschalter und Steckdosen mit Kreppband abgeklebt, um sie vor der Farbe zu schützen. Versuchen Sie es einmal anders: wenn Sie die Kunststoffhalterungen aus der Wand entfernen (vorher Strom abschalten!), können Sie diese ohne großen Aufwand säubern. In die Spülmaschine gelegt sehen Sie nämlich hinterher wie neu aus — passend zu Ihren frisch gestrichenen Wänden.

Lehmputz besteht ausschließlich aus biologisch abbaubaren Stoffen. Er bindet nicht ab, sodass er durch Anfeuchten beliebig oft neu bearbeitet werden kann. Glatte sowie strukturierte Oberflächen sind möglich. Die Schichtdicke sollte zwischen 15 und 30 mm betragen.

putz allerdings mehrere Wochen. Eine Alternative sind vorgefertigte Lehmputzplatten, die innerhalb von zwei Tagen trocknen und sich leicht montieren lassen. Anschließend können sie mit Lehmfarben gestrichen werden. Lehmputz eignet sich auch für Bäder, jedoch nicht für den direkten Nassbereich.

Gipsputz

Gipsputz ist ein schnell härtender Glattputz. Er eignet sich daher gut als Unterputz für Tapeten oder andere Wandbeläge.

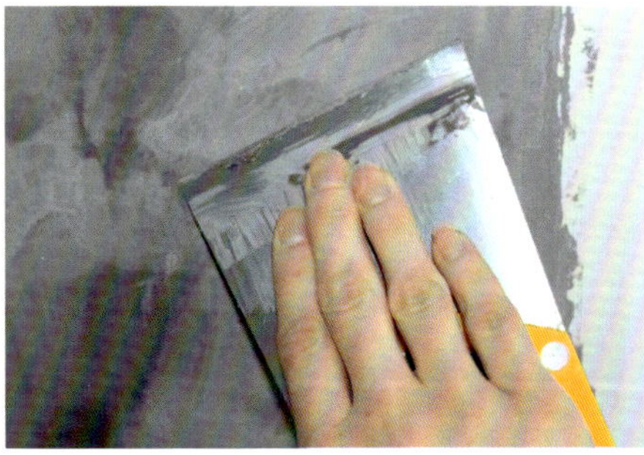

Kalkputz

Kalkputz kann wie Lehmputz Feuchtigkeit aufnehmen, wirkt ebenfalls regulierend auf das Raumklima und kann Schimmelbildung vorbeugen. Kalkputz eignet sich wie Lehmputz auch für Bäder, allerdings mit Ausnahme des Spritzwasserbereichs.

Oben: **Tadelakt: Die Auftragstechnik ist kompliziert und sollte dem Fachmann überlassen werden.**

Unten: **Wie aus einem Guss: Waschtisch und Wand mit Tadelakt-Beschichtung**

Tadelakt und Stuccolustro

Tadelakt ist ein wasserabweisender, sehr edel wirkender Kalkglanzputz, der traditionell in Marokko verwendet wird und besonders aufwändig hergestellt werden muss. Das Auftragen erfordert handwerkliches Geschick, weshalb es einem Fachmann überlassen werden sollte. Stuccolustro ist ebenfalls ein traditioneller und aufwändig herzustellender Kalkglanzputz, in den im feuchten Zustand Marmorstrukturen gemalt werden.

Textile Putze

Textile Putze, auch Flüssigtapeten genannt, stellen eine Alternative zu Papier- oder Vliestapeten dar. Sie bestehen aus Baumwoll- oder anderen Textilfasern und Bindemitteln. Da sie schall- und wärmedämmend wirken und sich zudem leicht ausbessern lassen, eignen sie sich besonders gut für Flure und Treppenaufgänge. Sie können aufgespritzt, aufgestrichen oder mit der Kelle aufgetragen werden.

Design-Spachtelmassen

Design-Spachtelmassen bestehen aus sehr feinem Kalk-Zement- oder Kalk-Marmorputz. Sie werden nach dem Auftrag wasserfest versiegelt und eignen sich gut als fugenlose Alternative zu Fliesen in Bad und Küche. Die Oberflächen fühlen sich natürlich an und lassen sich leicht reinigen. Wenn auch der Fußboden mit der gleichen Spachelmasse überzogen wird, ergibt sich eine sehr einheitliche und homogene Raumwirkung.

Bei der Wahl der Wandfarben spielt die Raumnutzung und das Zusammenspiel von Möbeln und Einrichtungsgegenständen eine wesentliche Rolle.

Wandfarben

Wandfarben können das Raumgefühl entscheidend prägen und sich positiv auf die Stimmung auswirken. Sie können Akzente setzen, den Raum gliedern und die Raumgröße subjektiv verändern. Helle Farben lassen Räume optisch größer erscheinen, kräftige Töne wirken eher verkleinernd. Werden die Farben z. B. von unten nach oben heller, öffnet das optisch den Raum. Bei der Wahl der passenden Farbe spielen neben der Größe des Raums auch die Einrichtung, der Bodenbelag und das Tageslicht eine wichtige Rolle. Es empfiehlt sich auch, künstliche Beleuchtung und Wandfarbe aufeinander abzustimmen. Und natürlich ist entscheidend, wie der Raum genutzt wird. Ruhige Räume wie Schlafzimmer oder Bad sollten kühlere Farben erhalten als Aktivbereiche wie Wohnzimmer oder Küche. Mit sogenannten Deko-Effektfarben lassen sich ausgefallene Strukturen erzeugen oder ein bestimmtes Material wie Beton oder Metall imitieren.

Innenfarben bestehen aus Bindemitteln, Verdünnungsmitteln, Farbpigmenten und Zusatzstoffen. Man unterscheidet im Wesentlichen zwischen Dispersionsfarben und mineralischen Farben. Hochwertige Farben decken gut, tropfen beim Auftragen nicht und lassen sich leicht verstreichen oder verwischen.

Dispersionsfarben haften gut und eignen sich daher für die meisten Untergründe. Sie gehen allerdings keine Verbindung mit dem Untergrund ein, sondern beschichten lediglich die Oberflächen. Auch Latexfarben zählen zu den Dispersionsfarben. Sie sind wasserfest und leicht mit einem feuchten Lappen zu reinigen, weshalb sie sich gut für beanspruchte Wandbereiche im Kinderzimmer sowie für den Spritzwasserbereich in Küche und Bad eignen.

Zu den mineralischen Farben zählen Kalk- und Silikatfarben. Sie verbinden sich mit dem Untergrund und erzeugen eine atmungsaktive Oberfläche, weshalb sie häufig bei ökologischen Bauten und im Denkmalschutz eingesetzt werden. Fürs Bad bieten sich auch Anstriche mit einer speziellen Beimischung an, die Schimmelbildung verhindern soll.

Linke Seite, oben und unten:
Tapetenvielfalt, auf diesen Seiten opulent und ornamental-verspielt. Auch in modernen Mustern und Farbkombinationen wird heute eine unerschöpfliche Auswahl an Tapeten angeboten.

Tapeten

Tapeten werden heute in einer unerschöpflichen Vielfalt an Farben, Mustern und Strukturen angeboten. Zu den klassischen und preiswerten Papiertapeten, die zunächst eingekleistert werden müssen und nass an die Wand kommen, sind die etwas teureren Vliestapeten eine beliebte Alternative. Dabei besteht das Trägermaterial aus Zellstoff und die Oberfläche häufig aus Kunststoff, wodurch die Tapeten relativ formstabil und leicht anzubringen sind. Anstelle der Tapeten werden die Wände eingekleistert und die Tapeten trocken auf die nasse Wand aufgebracht. Und für den nächsten Tapetenwechsel lassen sie sich gut wieder abziehen. Vliestapeten sind vor allem für verschieden strukturierte Untergründe hilfreich, wie z. B. Fachwerk, da hier Papiertapeten leicht reißen können. Auch kleine Risse in der Wand lassen sich mit Vliestapeten gut überdecken.

Vliestapeten sind nicht nur als Raufaser- und gemusterte Tapeten erhältlich, sondern auch aufgewertet mit verschiedensten Materialien: mit Glasperlen, Steinsedimenten oder Metall, um nur einige der vielen Möglichkeiten zu nennen. Weitere Varianten sind Strukturtapeten mit Prägungen und Reliefs sowie Tapeten in täuschend echter Beton-, Naturstein- oder Holzoptik. Mehrere Räume mit derartigen Tapeten zu bekleiden, könnte jedoch auch überladen wirken. Das Besondere bei Strukturtapeten liegt, ebenso wie bei Ornamenttapeten mit starken grafischen Mustern und Farben, in der individuellen Note, die ein einzelner Raum, eine Wandfläche oder auch nur ein bestimmter Wandabschnitt mit dieser exklusiven Optik erhält.

Wandverkleidungen aus anderen Materialien

Neben Holz in allen Varianten und Oberflächenstrukturen bieten sich Paneele aus einer schier unerschöpflichen Vielfalt an Materialien zur Wandverkleidung an. Besonders gut zum Verkleiden mit Paneelen eignen sich einzelne Wandflächen, aber auch Decken, um im Raum durch raue, glatte, transparente oder massiv wirkende Oberflächen individuelle Akzente zu setzen. Ein besonderes Highlight können z. B. auch dreidimensional geprägte Oberflächen sein. Im Folgenden finden Sie eine Auswahl der gängigsten Materialien, die je nach Art und Größe der Paneele entweder auf eine Unterkonstruktion oder direkt an die Wand montiert werden können.

Massivholz

Holz ist ein organisches Material. Es hat eine optisch und haptisch warme Oberfläche, die durch die Maserung natürlich und individuell wirkt. Außerdem ist Holz sehr langlebig. Massivholz kann in Form von Platten, Brettern, Riemchen oder Mosaikfliesen an Wand oder Decke montiert werden. Die Oberflächen können unbehandelt, geölt, gewachst oder lasiert und je nach gewünschter Optik bearbeitet sein: glatt geschliffen, gebürstet, gehackt, mit Reliefs versehen und vieles mehr. Dadurch ergibt sich ein breites Spektrum an Raumwirkungen, das von schlicht über edel bis rustikal reicht.

Die Massivholzwand vermittelt Wärme und passt gleichzeitig gut zum Schieferbelag des Fußbodens.

Furnier

Holzfurnier besteht aus hauchdünn geschnittenem Holz, das auf ein Trägermaterial geklebt wird (siehe Holzwerkstoffe). Furnier hat dieselben Oberflächeneigenschaften wie Vollholz, ist jedoch preisgünstiger. Furnierplatten bleiben zudem auch bei hoher Raumluftfeuchtigkeit formstabil.

Holzwerkstoffe und Laminate

Holzwerkstoffe werden in unterschiedlichen Ausführungen hergestellt: entweder aus Holzfasern und Klebstoffen oder als Sperr- und Schichtholzplatten, wodurch die Platten sehr hart und biegesteif sind. Sie dienen meist als Trägermaterial und können auch mit Dekorfolie überzogen werden. Damit können Sie unzählige Designvarianten verwirklichen und z. B. Wandoberflächen in Stein-, Beton- oder Rindenoptik und vieles mehr erhalten. Laminate sind Schichtstoffe, bei denen eine Trägerschicht aus Holz mit mehreren Schichten Kunstfasern verklebt wird. Laminate sind ein äußerst stabiler und strapazierfähiger Wandbelag. Durch eingelegte Dekorfolien ist jedes denkbare Design möglich.

Naturstein

Natursteine sind Unikate mit je nach Gesteinsart ganz eigenen Farben, Mustern und Einschlüssen. Naturstein ist sehr robust und langlebig. Als grob- oder feinkörnige Wandverkleidung eignen sich vor allem Mauerver-

Wandflächen in Natursteinoptik. Die Wände bestehen nicht aus massivem Stein, sondern sind mit 1 bis 2 cm dicken Natursteinpaneelen verkleidet.

blender aus Naturstein oder Paneele mit Natursteinfurnier, die zudem wesentlich leichter als massiver Stein sind. Natursteinoberflächen können völlig unterschiedlich aussehen, je nachdem ob der Stein geschliffen, poliert, gebürstet, geflammt oder sandgestrahlt oder sogar bruchrau belassen wird.

Fliesen

Keramikfliesen bestehen aus Ton, der nach dem Brennen glasiert wird. Je nach Höhe der Brenntemperatur unterscheidet man zwischen Steingut-, Steinzeug- und Feinsteinzeugfliesen (siehe auch Abschnitt Bodenbeläge). Während die beiden letzteren Varianten beim Brennen gesintert werden und dadurch wasserabweisend, frostsicher und äußerst strapazierfähig sind und sich dadurch auch für Anwendungen im Außenraum eignen, kommen im Innenraum häufig Steingutfliesen zum Einsatz. Steingutfliesen müssen immer glasiert werden, um wasserfest zu sein. Wenn sie zusätzlich z. B. mit Reliefs verziert oder zweifarbig glasiert sind, werden sie zu einem hochwertigen dekorativen Wandbelag, der nicht nur in Badezimmern zum Einsatz kommt, sondern auch in Wohnräumen exklusive Akzente setzen kann. Fliesen können neben Ton auch aus Glas oder anderen Materialien bestehen. Glasfliesen wirken besonders im Zusammenspiel mit Licht attraktiv. Die Glasoberflächen können dabei transparent, sandgestrahlt, farbig oder bedruckt sein.

Fußböden

Neuer Fußboden im Altbau

Denken Sie auch an die Türen, wenn Sie einen neuen Bodenbelag verlegen möchten. Je nach Art des Belags ändert sich möglicherweise die Höhe des Bodenaufbaus. Ist er höher als zuvor, kann er das Türblatt blockieren und Sie müssen dann die Höhe des Türblatts anpassen, damit sich die Tür öffnen und schließen lässt.

Bei sehr geringen Differenzen kann es genügen, die Türbänder entsprechend einzustellen. Ist der Unterschied zum alten Belag größer, muss das Türblatt unten abgehobelt oder im Extremfall sogar abgesägt werden.

Fußböden sind prägende Bestandteile des Innenraums, die zugleich verschiedensten Funktionen gerecht werden müssen. Bei der Wahl des Bodenbelags spielen daher unterschiedliche Gesichtspunkte eine Rolle: die Art der Raumnutzung und Belastung, der notwendige Trittschallschutz, die für den Bodenbelag zur Verfügung stehende Aufbauhöhe, das optisch harmonische Zusammenspiel mit Wandfarben, Türen und Möbeln und nicht zuletzt Ihr persönlicher Geschmack. Wenn Sie sich für eine Fußbodenheizung entscheiden, muss auch dies bei der Auswahl des Bodenbelags berücksichtigt werden. Die Vielzahl an Materialien, Optiken und Oberflächenstrukturen macht es zu einem größeren Unterfangen, die für jeden Raum richtige Wahl zu treffen.

Estriche

Estriche dienen als Untergrund für Fußbodenbeläge. Sie gleichen Unebenheiten des Bodens aus und eignen sich, wenn sie versiegelt werden, sogar als eigener Oberflächenbelag ohne weiteren Aufbau. Je nach Raumnutzung kommen unterschiedliche Arten von Estrichen zum Einsatz wie Zement-, Gussasphalt- oder Trockenestrich. Im Wohnungsbau werden Estriche meist schwimmend verlegt. Das bedeutet, dass sie auf eine Dämmschicht aufgebracht werden und keinen festen Kontakt zu angrenzenden Bauteilen haben, was den Trittschallschutz verbessert. In Kellern oder in untergeordneten Nebenräumen werden hingegen häufig Verbundestriche, die fest mit dem Untergrund verbunden sind, verwendet. Man unterscheidet zwischen Nass- und Trockenestrichen. Beim Neubau kommen in aller Regel Nassestriche zum Einsatz, die preiswerter als Trockenestriche sind und mehr Schallschutz bieten. Ohne Zuschlagstoffe benötigen sie eine Trocknungszeit von rund sechs Wochen. Bei kleineren Flächen und bei Renovierungen bieten sich Trockenestriche an, die als Platten schwimmend verlegt werden. Da sie schnell eingebaut werden können und sofort begeh- und benutzbar sind, wird weniger Zeit für ihren Einbau benötigt.

Rechts: Der Terrazzo-Boden ist ein 2-schichtiger Zementboden, dessen obere Schicht mehrfach geschliffen wird. Durch die Zugabe von Farbpigmenten und eingestreuten Natursteinen entstehen attraktive optische Effekte.

Rechte Seite: Holzparkett ist zeitlos und passt zu fast jedem Einrichtungsstil.

Bodenbeläge im Überblick

Linoleum

Linoleum ist ein natürlicher Bodenbelag, der aus nachwachsenden Rohstoffen wie Leinöl, Korkmehl, Jutegewebe und Naturharzen besteht. Er ist gesundheitlich unbedenklich und gleichzeitig sehr robust. Heute ist Linoleum, wie Vinyl, neben den bekannten klassischen Dekoren auch in Holzoptik erhältlich und hat nichts mehr vom einstigen Turnhallencharakter. Linoleum wird in Bahnen verlegt und fest verklebt, was aufwändig ist und in fachkundige Hände gehört. Wird der Boden häufig nass gewischt, sollten die Nähte farblich passend abgedichtet werden.

Vinyl (PVC)

Vinyl ist ein Kunststoff, der auch als PVC (Polyvinylchlorid) bekannt ist. Vinylböden haben eine sehr niedrige Aufbauhöhe, sind äußerst strapazierfähig, pflegeleicht und gut für Feuchträume geeignet. Vinyl ist in vielen Dekoren und Oberflächenstrukturen erhältlich, z. B. in Holz- und Steinoptik, sowie mit kombinierter Trittschalldämmung oder mit einem Kern aus Kork, der für Elastizität des Bodens sorgt.

Vinyl wird als Rollenware angeboten, ist aber auch in einer Ausführung mit Klickverbindung erhältlich.

Laminat

Laminate sind Schichtstoffe. Sie bestehen aus einer Trägerschicht, Dekorpapier, das die individuelle Holzoptik bestimmt, und einer Nutzschicht aus Kunstharz. Alle drei Schichten werden unter Druck miteinander verklebt. Laminat ähnelt optisch Parkett, ist jedoch dünner und viel härter und somit schallintensiver beim Betreten. Schmutz und oberflächliche Spuren lassen sich leicht entfernen, kleine Schadstellen werden mit einer Reparaturpaste ausgebessert. Bei stärkeren Beschädigungen sollte die betreffende Diele ausgetauscht werden. Laminat lässt sich per Klicksystem leicht verlegen.

Kork

Kork wird aus der Rinde der Korkeiche gewonnen und ist wie Holz ein Naturprodukt, im Gegensatz zu Holz jedoch sehr leicht. Kork wirkt schalldämmend, ist rutschfest, sehr elastisch und gibt beim Begehen nach, was als sehr angenehm empfunden wird. Die Oberfläche kann wie bei Holz geölt, gewachst oder versiegelt werden. Korkböden werden als Fliesen, Mosaikfliesen oder Fertigfußboden angeboten. Sie können fest verklebt oder schwimmend verlegt werden und sind auch mit Klicksystem erhältlich. Vor der Verlegung in Feuchträumen muss Kork versiegelt werden.

Parkett

Parkett ist ein natürlicher und robuster Bodenbelag. Man unterscheidet Massivholzparkett von Fertigparkett, das sich aus mehreren miteinander verleimten Holzschichten zusammensetzt. Beide Parkettarten sind in verschiedenen Holzarten, Stärken und Designs erhältlich, wobei meistens Laubholz, wie Eiche, verwendet wird. Mit der Klicktechnik lassen sich Parkettböden sehr leicht selbst verlegen, für Fußbodenheizungen eignet sich jedoch nur vollflächig verklebtes Parkett.

Teppichboden

Teppichböden sind fußwarm, rutschfest und schalldämmend. Sie sind belastbar und sorgen für ein angenehm weiches Laufgefühl. Kurzflorige Teppiche können aus Naturfasern wie Wolle, Baumwolle, Sisal oder Filz bestehen, hochflorige nur aus Kunst- oder Mischfasern. Teppichböden werden als Rollenware und in Form von Teppichfliesen angeboten. Vollflächig verlegte Teppichböden werden zugeschnitten und fest auf dem Boden verklebt oder verspannt, während Teppichfliesen entweder fest verklebt oder in Kombination mit einer Trägerplatte auch per Klicktechnik verlegt werden können.

Fliesen

Keramikfliesen bestehen aus gebrannten Tonmineralien und sind robust, wasser- und feuerfest sowie pflegeleicht. Ihre physikalischen Eigenschaften hängen von der Zusammensetzung des Tons und der Höhe der Brenntemperatur ab. Man unterscheidet im Wesentlichen Steingut von Steinzeug und Feinsteinzeug. Durch Glasieren und Bedrucken entstehen zahlreiche Dekore, die Digitaldrucktechnik ermöglicht sogar täuschend echt aussehende Holzdekore und andere Imitate. Keramikfliesen tragen auch zu einem guten Wohnklima bei, da sie im Winter Sonnenwärme speichern und im Sommer angenehm kühl sind. Sie eignen sich gut in Kombination mit Fußbodenheizungen. Formstücke sorgen für den sauberen Abschluss an Kanten, Treppen und Sockeln.

Moderne Küchen bestehen heute nicht mehr ausschließlich aus Einbauelementen. Kühlschränke im Retrolook und kräftigen Farben werden häufig als Design-Objekte gesehen.

Küchenplanung – erste Überlegungen

Küchen sind heute meist weit mehr als reine Arbeitsplätze für die Essenszubereitung. Sie haben häufig kommunikativen Charakter und dienen als Treffpunkt, Aufenthalts- oder Spielbereich für die ganze Familie und sind nicht selten erste Anlaufstelle für Gäste. Das Thema Küchen-Planung ist umfangreich und so komplex, dass hier nur ein paar grundlegende Aspekte erörtert werden sollen.

Checkliste Grundlagen der Küchen-Planung

- ▷ Wie viele Personen leben im Haushalt?
- ▷ Wie häufig und aufwändig kochen Sie?
- ▷ Wie viel Bewegungsraum brauchen Sie in der Küche?
- ▷ Soll es eine offene Küche sein?
- ▷ Einbauküche oder Einzelelemente?
- ▷ Standardküche oder Maßanfertigung?
- ▷ Hochwertige, mittlere oder einfache Ausführung?
- ▷ Einfache Reinigung oder besondere Oberflächen?
- ▷ Hochschränke oder offene Regale?
- ▷ Welches Kühl- und Gefrierschrankvolumen wird benötigt?
- ▷ Wie laut dürfen die Einbau-Geräte sein?
- ▷ Wo befinden sich Anschlüsse für Wasser und Elektrizität?
- ▷ Wo müssen zusätzliche Elektroanschlüsse verlegt werden?

Küchenvarianten

Die Lage im Gebäude, die Größe und der passende Grundriss der Küche hängen entscheidend von der Art der Nutzung und der Anzahl der Bewohner ab. Man unterscheidet im Wesentlichen drei Küchenvarianten:

- die reine Kochküche,
- die offene, in den Wohnraum integrierte Küche und
- die Wohnküche.

Frei im Raum stehende Kochinseln können bei entsprechender Lage des Grundstücks während der Küchenarbeit z. B. Panoramablicke in die Landschaft ermöglichen.

Die reine Kochküche

Wenn die Küche als reine Arbeitsküche separat angeordnet und im Hinblick auf Geräusche und Gerüche vom Wohnbereich abgeschirmt sein soll, empfiehlt es sich dennoch, Platz für einen kleinen Frühstückstisch mit einzuplanen. Er kann auch als Ablagefläche für Einkäufe, als zusätzliche Arbeitsfläche oder als Platz für eine spontane Tasse Kaffee im Sitzen während einer Kochpause dienen.

Küche vom Fachmann

Eine gute Küchenplanung, die funktionelle Arbeitsabläufe unterstützt und das vorhandene Raumangebot optimal nutzt, ist sehr komplex. Der Teufel steckt dabei oft im Detail. Küchengeräte wie Kühlschrank, Backofen und Spülmaschine sind in der Regel 60 cm breit und geben somit ein Raster vor, das die gesamte Küchenplanung bestimmt. Sie sollten in jedem Fall einen Fachmann hinzuziehen und ihm die Detailplanung überlassen.

Die offene Küche

Immer häufiger werden Küchen offen zum Wohnraum angeordnet, wobei der Esstisch meist den Übergangsbereich darstellt. Bei dieser Anordnung bewährt sich eine frei stehende Kochinsel, an der ringsherum gemeinsam gearbeitet werden kann und die beim Kochen einen Blick in den Raum oder sogar durchs Wohnzimmerfenster ins Grüne erlaubt. Koch oder Köchin sind bei geselligen Treffen während der Essenszubereitung mit einbezogen und im Wohnzimmer spielende Kinder sind unter Aufsicht. Bei offenen Küchen sollte jedoch immer ein separater Abstell- oder Schrankraum für Staubsauger und Putzmittel mit eingeplant werden, damit sie nicht im Wohnraum untergebracht werden müssen.

Die Wohnküche

Wer diese Offenheit nicht mag, bei der man vom Sofa aus eventuell auf benutztes Geschirr blickt, ist mit einer separaten Wohnküche gut beraten. Vor allem Familien mit kleinen Kindern schätzen diese traditionelle Küchenform als Familienzentrum. Die Kinder können beim Kochen dabei sein, mithelfen oder am Küchentisch malen, spielen und Hausaufgaben erledigen. Gemeinsames Basteln, Plätzchen ausstechen oder die Zeitungslektüre bei einer Tasse Kaffee, während die Speisen in den Töpfen vor sich hin dampfen, sind nur einige der vielen Möglichkeiten, die ein Esstisch in der Küche bietet. Die laufende Spülmaschine ist im Wohnzimmer nicht zu hören, und bevor es zur gemütlichen Runde vor dem Fernseher oder Kamin übergeht, müssen nicht erst sämtliche Spuren der diversen Küchenaktivitäten beseitigt werden. Breite Schiebetüren zwischen Wohnküche und Wohnzimmer ermöglichen dabei je nach Bedarf räumliche Verbindung oder Trennung.

Bei Fenstern über der Küchenzeile sollten Sie darauf achten, dass der Wasserhahn nicht in die Fensterfläche ragt und so das Öffnen des Fensters verhindert.

Offene Küchen mit direkt angrenzendem Essplatz bieten gerade Familien mit Kindern viele Vorteile.

Die Küche im Grundriss

Küchen sollten möglichst nah am Eingang liegen, da dann lange Wege mit vollen Einkaufstaschen entfallen. Besonders wertvoll sind Speisekammern neben der Küche. Sie entlasten die Küchenschränke und ersparen tägliche Wege in den Keller. Ein direkter Zugang von Garage oder Carport zu Speisekammer oder Küche verkürzt ebenfalls die Wege mit schweren Einkaufstaschen und Getränkekisten.

Ein Fenster zum Vorplatz erlaubt während der Essenszubereitung einen Blick auf ankommende Gäste oder die von der Schule heimkommenden Kinder. Allerdings gilt bei der Planung von Küchenfenstern, dass möglichst weder Spüle noch Herd unter dem Fenster angeordnet werden sollten. Die Armaturen von Spülen können in die Fensterfläche ragen und das Öffnen des Fensters verhindern, während der Dunstabzug über dem Herd an einer Fensterwand keinen Platz findet. Wer aus optischen Gründen auf einen Dunstabzug über dem Herd ohnehin gern verzichten würde, der findet bei vielen Geräteherstellern mittlerweile in die Herdfläche integrierte Dunstabzüge, die den Dampf direkt nach unten absaugen.

Die Anordnung von Arbeitsflächen und Küchenschränken entscheidet dauerhaft über die täglichen Abläufe in der Küche. Ob Sie Ihre Küche einzeilig,

zweizeilig, L- oder U-förmig planen, hängt dabei vom verfügbaren Platz und Ihrem persönlichen Geschmack ab. Einzeilige Küchen beanspruchen am wenigsten Raumfläche, führen aber zu längeren Laufwegen zwischen den einzelnen Küchenelementen. Zweizeilige und L-förmige Küchen bieten viel zusammenhängende Arbeitsfläche und haben, wenn sich eine der beiden Zeilen zum Raum hin öffnet, auch kommunikativen Charakter. Dann können Sie z. B. die Kinder beim Spielen beobachten oder durch das gegenüberliegende Fenster in den Garten blicken. Verlaufen die Arbeitsflächen hingegen nur entlang der Wand, blickt man beim Arbeiten auf diese und steht mit dem Rücken zum Raum. Bei offenen zweizeiligen Küchen bietet es sich an, die an der Wand stehende Zeile als raumhohe geschlossene Schrankwand, eventuell mit integriertem Ofen, auszubilden und die Arbeitsfläche gegenüber mit Blick in den Raum anzuordnen. Vom Wohnzimmer aus sieht man dann über die Arbeitsfläche hinweg auf eine homogen gestaltete durchgehende Oberfläche, anstatt auf Küchenoberschränke oder offene Gewürzregale. Ein weiteres Kriterium bei der Küchenplanung ist die Anordnung der Einzelelemente: So sollte z. B. der Vorratsschrank nahe der Tür angeordnet sein sowie ausreichend breite Abstellflächen neben Herd und Spüle eingeplant werden. Steht die Anordnung sämtlicher Küchenelemente fest, folgt die Planung der elektrischen Anschlüsse und der Beleuchtung.

Alte Küchen auffrischen

Funktionsfähigen alten Küchen, die nicht mehr der Mode oder Ihrem Geschmack entsprechen, können Sie mit wenigen Maßnahmen ein neues Gesicht verleihen. Am wirkungsvollsten ist der Austausch der Fronten und der Arbeitsplatte, alternativ können die Fronten auch nur eine neue Beschichtung erhalten. Stören Sie sich an den altmodischen Fliesen an der Rückwand, verkleiden Sie den Fliesenspiegel einfach mit einer durchgehenden Platte. Hierfür werden verschiedenste Materialien angeboten, die gängigsten sind beschichtete Holzwerkstoffplatten oder farbige Glasplatten. Nachträglich eingebaute Auszüge machen das Innenleben der Schränke leichter zugänglich. Zu guter Letzt lohnt es sich, das Beleuchtungskonzept Ihrer modernisierten Küche anzupassen und evtl. zusätzliche Lichtleisten oder -spots vorzusehen. Beim Neukauf von Geräten sollten Sie unbedingt auf die jeweiligen Energiesparlabel achten. Gerade Kühlschränke und Gefriertruhen sind mitunter wahre Stromfresser.

Viel Licht, Naturstein und helle Oberflächen verleihen diesem Bad ein edles Ambiente.

Planung und Ausstattung von Bädern

Bäder können unabhängig von ihrer Größe wohnliche Räume mit hoher Aufenthaltsqualität sein, wenn das Design von Möbeln, Oberflächen, Sanitärgegenständen und Armaturen ein harmonisches Gesamtkonzept ergibt. So kann auch ein kleines Bad zu einer wahren Wellness-Oase werden. Voraussetzung für die bequeme Nutzung des Bads ist ein funktionaler Grundriss und eine sorgfältige Planung der Ausstattung, die genau auf die

Checkliste Bad-Planung

- ▷ Wie viele Personen benutzen das Bad?
- ▷ Welche sanitären Einrichtungsgegenstände benötigen Sie?
- ▷ Soll das Bad kindgerecht ausgestattet werden?
- ▷ Soll das Bad barrierefrei sein?
- ▷ Steht eine rein funktionale oder eine wohnliche Gestaltung im Vordergrund?
- ▷ Welchen Design-Stil bevorzugen Sie?
- ▷ Sollen die Sanitärobjekte aus Acryl, emailliertem Stahl oder Keramik bestehen?
- ▷ Aus welchem Material sollen Wand- und Bodenflächen gestaltet sein?

Bedürfnisse der Nutzer zugeschnitten sein sollte. Da ein Bad bei den Kosten deutlich mehr zu Buche schlägt als ein Wohnraum, lohnt es sich, genau zu überlegen, was notwendig ist und was entbehrt werden kann. Selbst wenn es nicht unbedingt Whirlpool, Dampfdusche oder Sauna sein müssen – auch Duschbrausen, Badewannen, WCs, Waschbecken und alle nötigen Armaturen sind teuer in der Anschaffung. Und an deren Qualität sollten Sie nicht sparen, denn alle Badeinbauten müssen gut zu montieren, komfortabel zu nutzen und vor allem langlebig sein.

Beim Baden freier Blick in die Landschaft: Die Anordnung der Badewanne, der Holzfußboden und die großen Fenster verwandeln das Bad in einen wohnlichen Aufenthaltsraum.

Bestandsaufnahme

Vor jeder Planung steht eine gründliche Bestandsaufnahme. Dazu zählen unter anderem Fragen zu Art und Umfang der Ausstattung sowie zu den gewünschten Materialien für Oberflächen und Sanitärgegenstände. Sicherheit und Komfort sind ebenso wichtige Aspekte, die besonders Duschen und Badewannen betreffen. Duschwannen haben meist eine Einstiegshöhe von 15 cm, was eine mögliche Stolperstelle darstellt. Im Neubau können Duschen von vornherein bodengleich ausgeführt werden,

wodurch sie nicht nur für ältere Menschen und kleine Kinder leichter zu benutzen sind, sondern auch eleganter aussehen, das Bad größer erscheinen lassen und wesentlich leichter zu reinigen sind als Duschwannen. Natürlich sollte der durchlaufende Bodenbelag im Duschbereich rutschhemmend ausgeführt sein. Der nachträgliche Einbau einer bodengleichen Dusche ist ebenfalls möglich, aber aufgrund der Verlegung des Abwasseranschlusses oder der Erhöhung des Bodenaufbaus meist aufwändig.

Alte Bäder modernisieren

Um ein altes Bad zu modernisieren müssen Sie kein neues Bad einbauen. Viele Bereiche lassen sich mit wenigen Maßnahmen reparieren und umgestalten. Schadhafte Badewannen mit abgenutzter, rauer Oberfläche sehen beispielsweise nach dem Anstrich mit einem Speziallack wie neu aus. Auch punktuelle Schäden an Keramik-Gegenständen lassen sich mit Lack beheben. Alte Fliesen, deren Farbe Ihnen nicht mehr gefällt, erhalten mit Fliesenlack ein neues Gesicht, lückenhafte Fugen werden mit Fugenmasse aufgefüllt und vergraute Fugen mit Fugenweiß behandelt. Wenn Sie noch die Boden- und Wandoberflächen sanieren möchten, können Sie z. B. Fliesen außerhalb des Spritzwasserbereichs entfernen und stattdessen einen zur Einrichtung passend eingefärbten Kalkputz auftragen. Als Alternative zum aufwändigen Entfernen der Fliesen können diese auch flächendeckend überputzt und in den Spritzbereichen mit Latexfarbe gestrichen werden.

Rechts: Sachlich-modern: Waschbecken, Armaturen und Badmöbel finden sich in einer schier unerschöpflichen Auswahl.

Unten + rechte Seite: Bodengleiche Duschen sind nicht nur sehr komfortabel zu benutzen, sondern auch sehr sicher. Der Bodenbelag sollte dabei rutschhemmend sein.

Schallschutz

Ein wichtiger Bestandteil der Bad-Planung ist der Schallschutz. Schallgedämmte Wandscheiben rund um die Armaturen und von der Wand entkoppelte Rohrleitungen, d. h. ummantelte Leitungen ohne direkte Wandberührung, mindern die Schallübertragung in angrenzende Räume. Bei den Rohrleitungen können Sie zwischen Kunststoff und Metall wählen, wobei beide Materialien lebensmittelecht, hochwertig und belastbar sind. Metallrohre aus Edelstahl sind extrem langlebig. Sie erlauben eine wirtschaftliche Dimensionierung der Rohrleitungen und lassen sich passgenau mit anderen Werkstoffen kombinieren. Rohre aus Kunststoff sind preiswerter, sind durch zusätzliche Anschlüsse leicht erweiterbar und eignen sich gut für Vorwandinstallationen. Außerdem sind sie flexibler und lassen sich deshalb leichter verlegen.

Boden- und Wandgestaltung

Wand- und Bodenbeläge können kontrastreiche Akzente zu den Sanitärgegenständen und Badmöbeln setzen, wofür heute verschiedene Materialien zur Auswahl stehen. Neben Fliesen in allen Formaten und Designs werden zunehmend Materialien bevorzugt, die eine eher wohnliche Ausstrahlung haben. Dazu zählen einfarbige fugenlose Wand- und Bodenbeschichtungen (siehe Abschnitt „Putze") oder vollflächige Verkleidungen, z. B. mit Resopalplatten, Glas und wasserabweisenden Holzwerkstoffen.

Dank

Unser herzlicher Dank gilt:

Frau Dr. Prior-Callwey für ihr kontinuierliches Interesse an diesem Buchprojekt, ihre Offenheit für die Themen und ihr Vertrauen;

Frau Verena Jaumann vom Callwey Verlag für ihr großes Engagement und die hervorragende Zusammenarbeit. Sie hat mit hoher Fachkompetenz, Feingefühl und stets kühlem Kopf auch in den heißen Phasen das Projekt souverän geleitet und maßgeblich zum Gelingen dieses Buchs beigetragen;

Frau Daniela Petrini für ihre sorgfältige und kreative Gestaltung des Layouts sowie für ihren unermüdlichen Einsatz und ihre unerschütterliche Geduld auch bei Änderungen in letzter Minute;

Frau Daniela Fakler für ihre wertvolle Unterstützung bei der Bildbeschaffung;

allen Architekten, Fotografen und Firmen, die freundlicherweise für dieses Buch Bildmaterial zur Verfügung gestellt haben.

Bildnachweis

S. 2–3 VELUX Deutschland GmbH

Einleitung

S. 6 Stephan Baumann, Karlsruhe
S. 7 Johannes Kottjé, Marktredwitz/Bembé Dellinger Architekten und Stadtplaner GmbH

Keller

S. 10–11 Fotolia/fottoo
S. 12–13 Fotolia/slavun
S. 14–15 tdx/Mein Ziegelhaus/PR Company
S. 15 u. iStock/aanton
S. 16 iStock/ideeone
S. 17 BetonBild, www.beton.org
S. 18 PCI Augsburg GmbH
S. 19 Adolf Bereuter, Dornbirn/Bernardo Bader Architekten
S. 20 Seeger-Ullmann Architekten
S. 21 FMI Fachverband Mineralwolleindustrie
S. 22 Seeger-Ullmann Architekten
S. 23 iStock/Harald_Alexander
S. 24 Heinz von Heiden Swiss AG
S. 25 iStock/FOTOGRAFIA INC.

Rohbau und Fassade

S. 26–27 Fotolia/Photocreo Bednarek
S. 28–29 VMZINC/Paul Kozlowksi
S. 30–31 Seeger-Ullmann Architekten
S. 31 u. Fotolia/Jürgen Fälchle
S. 32 Seeger-Ullmann Architekten
S. 33 o. Nora Erdmann, Berlin
S. 33 u. Andreas Kellner/Gassner & Zarecky Architekten und Ingenieure Partnerschaft BDA
S. 34 l. Gira Giersiepen GmbH & Co. KG
S. 34 r. Baux/Jonas Lindström
S. 35 o. Seeger-Ullmann Architekten
S. 35 u. STEICO
S. 36 Fotolia/Gina Sanders
S. 37 l. Fotolia/illustrez-vous
S. 37 r. Ulrich Reitenberger Bau GmbH
S. 38–39 Wienerberger GmbH
S. 40 o. 123rf/Alexandr Pakhnyushchyy
S. 40 u. tdx/Mein Ziegelhaus/PR Company
S. 41 Fotolia/Gina Sanders
S. 42 Wienerberger GmbH
S. 43 o. WEHRHAHN
S. 43 u. Bundesverband Porenbeton
S. 44 o. KS-ORIGINAL
S. 44 u. Nico Pudimat
S. 45 KS-PlUS/KS-ORIGINAL
S. 46 Ulrich Reitenberger Bau GmbH
S. 47 o.l., o.r. Wienerberger GmbH/Uwe Strasser
S. 47 u. iStock/tellmemore000
S. 48–49 Hintergrund BetonBild/Christian Sadofsky, www.beton.org
S. 48 o.l. Seeger-Ullmann Architekten
S. 48 o.r. Fibreistrice.com/Marco Paparella
S. 48 u. Seeger-Ullmann Architekten
S. 49 l. Andrea Bosio, Genua/Atelier AMC Architecture
S. 49 r. LUCEM GmbH
S. 50 Fotolia/Thaut Images
S. 51 MERK Timber/Züblin Holzingenieurbau
S. 52 o.l., u.l www.massivholzmauer.de
S. 52 r. MERK Timber/Züblin Holzingenieurbau
S. 53 Herbert Stolz, Regensburg/www.fabi-architekten.de
S. 54 STEICO
S. 55 STEICO
S. 56 l. Rockwool
S. 56 r. ALLIGATOR FARBWERKE GmbH, www.alligator.de
S. 57 Hintergrund Dirk Scharmer
S. 57 o. FNR
S. 57 m.l. iStock/divgradcurl
S. 57 m.r. STEICO
S. 57 u.l. VillgraterNatur/Klaus Dapra
S. 57 u.r. STEICO
S. 60–61 Lon Godin, Amsterdam
S. 62 Herbert Stolz, Regensburg/www.fabi-architekten.de
S. 63 o. Adolf Bereuter, Dornbirn/Entwurf: DI Walter Felder, Egg/Hersteller: Claus Schwarzmann, Schoppernau
S. 63 u. Fotolia/Pavel Losevsky
S. 64 Petra Kellner, Amberg/Berschneider + Berschneider Architekten BDA + Innenarchitekten BDIA
S. 65 o. Erich Spahn, Regensburg/Berschneider + Berschneider Architekten BDA + Innenarchitekten BDIA
S. 65 u. Fotolia/sdecoret
S. 66 JAB Josef Anstoetz KG
S. 67 o. Roman Hermann, Bad Boll/msm Architekten Innen Architekten
S. 67 u. ROMA KG
S. 68 ROMA KG
S. 69 o. schattoLux
S. 69 u. ROMA KG
S. 70–71 Michael Heinrich, München/Unterlandstättner Architekten
S. 72 Fotolia/Wilm Ihlenfeld
S. 73 Andreas Kellner/Gassner & Zarecky Architekten und Ingenieure Partnerschaft BDA
S. 74 Seeger-Ullmann Architekten
S. 75 o. Pixelio/Rainer Sturm
S. 75 u. HIEBER Betonfertigteilwerk GmbH, Wörleschwang
S. 76 Gerd Jütten, Tiefenbronn/Architekturbüro Jost, Tiefenbronn
S. 77 Herbert Stolz, Regensburg/www.fabi-architekten.de
S. 78–79 Hintergrund Baumit GmbH
S. 78 o. quick-mix Putztechnik GmbH & Co. KG
S. 78 u. Baumit GmbH
S. 79 o. Knauf Gips KG
S. 79 m. Sto SE & Co. KGaA
S. 79 u. Baumit GmbH
S. 80 o.l. Fotolia/Picture-Factory
S. 80 u.l. Fotolia/Sergej Toporkov
S. 80 r. Fotolia/Kadmy
S. 81 Steffen Spitzner, Gera/www.reiter-architektur.de
S. 82 Andreas Kellner/Gassner & Zarecky Architekten und Ingenieure Partnerschaft BDA
S. 83 o. Herbert Stolz, Regensburg/www.fabi-architekten.de
S. 83 u. LINZMEIER Bauelemente GmbH
S. 84 Brigida Gonzaléz, Stuttgart/Biehler Weith Associated, Konstanz
S. 85 o.l., m.l., u.l. Wienerberger GmbH
S. 85 u.r. Binker Materialschutz
S. 86 Fotolia/Alexander Raths
S. 87 Fotolia/smuki
S. 88 Fotolia/Syda Productions
S. 89 Fotolia/Marco Klaue

Gebäudetechnik

S. 90–91 Erich Spahn, Regensburg
S. 92–93 Vaillant GmbH
S. 94 Vaillant GmbH
S. 95 1.v.o. Fotolia/Rostichep
S. 95 2.v.o., 3.v.o. WEM Wandheizung
S. 96 Fotolia/currahee_shutter
S. 97 Vaillant GmbH
S. 98 Fotolia/IrisArt
S. 99 o. Fotolia/Sergej Toporkov
S. 99 u. ROWI Schweißgeräte und Elektrowerkzeuge Vertrieb GmbH
S. 101 Vaillant GmbH
S. 102 Stiebel Eltron
S. 103 Viessmann Werke GmbH & Co. KG
S. 104 Vaillant GmbH
S. 105 Steve Cicero/Corbis
S. 106 l. Viessmann Werke GmbH & Co. KG
S. 106 r. Erich Spahn, Regensburg
S. 107 Fotolia/Elenathewise
S. 108 Erich Spahn, Regensburg
S. 109 Fotolia/artjazz
S. 110 Erich Spahn, Regensburg
S. 111 l. Vaillant GmbH
S. 111 r. Seeger-Ullmann Architekten
S. 112 Gira Giersiepen GmbH & Co. KG
S. 113 Fotolia/Gina Sanders

Dach

S. 114–115 Fotolia/Kara
S. 116–117 Herbert Stolz, Regensburg/www.fabi-architekten.de
S. 118–119 Erich Spahn, Regensburg/Kühnlein Architektur
S. 118 u. Fotolia/bildergala
S. 121 o. Zimmerei Ehrlich, www.ehrlich-holzbau.de
S. 121 u. shutterstock/richsouthwales

S. 122 Getty Images/Westend61
S. 123 o. Getty Images/Westend61
S. 123 u. Fotolia/Ingo Bartussek
S. 124–125 Hintergrund Fotolia/tinadefortunata
S. 124 o. Bettina Rühm
S. 124 r. Seeger-Ullman Architekten
S. 124 u. Fotolia/tektur
S. 125 o. Fotolia/weseetheworld
S. 125 m.r. Seeger-Ullmann Architekten
S. 125 m.l. Fotolia/Petair
S. 125 u. Bettina Rühm
S. 126 o. Seeger-Ullmann Architekten
S. 126 u. Fotolia/karin Jähne
S. 127 WEM Wandheizung
S. 128 Getty Images/Huntstock
S. 129 Knauf Insulation GmbH
S. 130 Getty Images/Dorling Kindersley
S. 131 Fotolia/gcpics
S. 132 Fotolia/Arpad Nagy-Bagoly
S. 133 Seeger-Ullmann Architekten
S. 134 Fotolia/Ingo Bartussek
S. 136 VELUX Deutschland GmbH/Adam Mørk
S. 137 o.l. VELUX Deutschland GmbH
S. 137 o.r. Fotolia/Kara
S. 137 u. VELUX Deutschland GmbH
S. 138 Steffen Spitzner, Gera/www.reiter-architektur.de
S. 139 Seeger-Ullmann Architekten
S. 140 o. ZinCo
S. 140 u. iStock/enrouteksm
S. 141 o., u. ZinCo
S. 142 l.1.v.o., l.2.v.o. VELUX Deutschland GmbH
S. 142 l.3.v.o. Oliver Heissner/VELUX Deutschland GmbH
S. 142 r. VELUX Deutschland GmbH
S. 143 VELUX Deutschland GmbH

Innenausbau

S. 144–145 Johannes Kottjé, Marktredwitz
S. 146–147 Erich Spahn, Regensburg/Berschneider + Berschneider Architekten BDA + Innenarchitekten BDIA
S. 148–149 Fotolia/photo 5000
S. 149 u. Johannes Kottjé
S. 150 o. Michael Heinrich, München/Unterlandstättner Architekten
S. 150 u. Fotolia/vienna pro
S. 151 Getty Images/Dorling Kindersley
S. 152 Knauf Bauprodukte
S. 153 o.r. Getty Images/Jodi Jacobson
S. 153 l., m.l., u.l. Knauf Bauprodukte
S. 154 o. Ines Triebs, www.herrenhaus-saritsch.de
S. 154 u. Saint-Gobain Rigips GmbH, Düsseldorf
S. 155 Bartels Türen/Christian René Schulz, Bielefeld
S. 156 Herbert Stolz, Regensburg/www.fabi-architekten.de
S. 158 Marley Deutschland GmbH
S. 159–160 JELD-WEN Deutschland GmbH & Co. KG
S. 161 Petra Kellner, Amberg/Berschneider + Berschneider Architekten BDA + Innenarchitekten BDIA
S. 162 JELD-WEN Deutschland GmbH & Co. KG
S. 163 FSB Franz Schneider Brakel GmbH + Co. KG
S. 164–165 Johannes Kottjé, Marktredwitz/Philipp Architekten
S. 166 o. Erich Spahn, Regensburg/Berschneider + Berschneider Architekten BDA + Innenarchitekten BDIA
S. 166 u. Fotolia/Alexandre Zveiger
S. 167 Nieberg Architect, Hannover
S. 168 o. Nieberg Architect, Hannover
S. 168 u. Pitopia/Harald Richter
S. 169 Johannes Kottjé, Marktredwitz/Bembé Dellinger Architekten und Stadtplaner GmbH
S. 170–171 Michael Heinrich, München/Unterlandstättner Architekten
S. 171 u. Andreas Kellner/Gassner & Zarecky Architekten und Ingenieure Partnerschaft BDA
S. 172 Jörg Schust, Crailsheim
S. 173 Nieberg Architect, Hannover
S. 174 o. Johannes Kottjé, Marktredwitz/Baurmann Dürr Architekten
S. 174 u. Erich Spahn, Regensburg/Berschneider + Berschneider Architekten BDA + Innenarchitekten BDIA
S. 175 Bobo Olsson/TAF Gabriella Gustafson & Mattias Ståhlbom, Stockholm
S. 176 Gerd Jütten, Tiefenbronn/Architekturbüro Jost, Tiefenbronn
S. 177 Adolf Bereuter, Dornbirn/Architekt Jochen Specht, Dornbirn/Projekt: Haus Hohlen
S. 178 CROSO International GmbH
S. 179 Adolf Bereuter, Dornbirn
S. 180 Getty Images/Caiaimage/Martin Barraud
S. 181 Claytec/Huppertz
S. 182 o. Fotolia/PAO joke
S. 182 u. Carl Giskes/Tierrafino
S. 183 Farrow & Ball Farbe: Breakfast Room Green, www.farrow-ball.com
S. 184 Farrow & Ball Tapete: Versailles BP 2621, www.farrow-ball.com
S. 185 o. Farrow & Ball Tapete: Lotus BP 2019, www.farrow-ball.com
S. 185 u. Farrow & Ball Tapete: Orangerie BP 2503, www.farrow-ball.com
S. 186 Johannes Kottjé, Marktredwitz/Herkrath + Bogatzki Architekten + Ingenieure GbR
S. 187 Oliver Rieger, Stuttgart/Pape + Pape Architekten
S. 188 Fotolia/khwanchi.s
S. 189 Johannes Kottjé, Marktredwitz/raumkontor, Düsseldorf
S. 190–191 Hintergrund VIA GmbH
S. 190 o. Fotolia/Matthias Buehner
S. 190 u.l. Johannes Kottjé, Marktredwitz
S. 190 u.r. iStock/wuttichok
S. 191 u.l. Fotolia/maigi
S. 191 o. Johannes Kottjé, Marktredwitz/Architekten: Klaus Beslmüller, Andrea Heigl
S. 191 r. VIA GmbH
S. 192–193 Erich Spahn, Regensburg/Berschneider + Berschneider Architekten BDA + Innenarchitekten BDIA
S. 194 Johannes Kottjé, Marktredwitz/Herkrath + Bogatzki Architekten + Ingenieure GbR
S. 195 Johannes Kottjé, Marktredwitz/Architekten: Klaus Beslmüller, Andrea Heigl
S. 196–197 Rainer Mader, Schleiden/Denzer & Poensgen Architektur + Innenarchitektur
S. 198–199 Erich Spahn, Regensburg/Berschneider + Berschneider Architekten BDA + Innenarchitekten BDIA
S. 200–201 Herbert Stolz, Regensburg/www.fabi-architekten.de
S. 202 o. Franz Kaldewei GmbH & Co. KG
S. 202 u. Herbert Stolz, Regensburg/www.fabi-architekten.de
S. 203 Johannes Kottjé, Marktredwitz/Hans Kneidl Architekten + Stadtplaner
S. 204 VELUX Deutschland GmbH/Adam Mørk
S. 208 VELUX/Adam Mørk

Umschlag Vorderseite plainpicture/André Schuster

Umschlag Rückseite Hintergrund shutterstock/Africa Studio, **o.l.** MERK Timber/Züblin Holzingenieurbau, **o.m.** Fotolia/Ingo Bartussek, **r.** VELUX Deutschland GmbH/Adam Mørk

Vor- und Nachsatz Daniela Petrini, München

Illustrationen Bettina Seeger/Seeger-Ullmann Architekten

Impressum

Streitfeldstraße 35, 81673 München
www.callwey.de
E-Mail: buch@callwey.de

Bibliografische Information der Deutschen Nationalbibliothek:
Die Deutsche Nationalbibliothek verzeichnet diese Publikation in der Deutschen Nationalbibliografie; detaillierte bibliografische Daten sind im Internet über <http://dnb.d-nb.de> abrufbar.

ISBN 978-3-7667-2182-2

Projektleitung: Verena Jaumann
Lektorat: Anette Galinski, Billigheim-Ingenheim
Bildredaktion: Daniela Fakler, München
Umschlag: Gramisci Editorialdesign, Stefanie Wawer
Grafisches Konzept, Layout: Daniela Petrini, München
Druck und Bindung: Phoenix Print GmbH, Würzburg

Printed in Germany

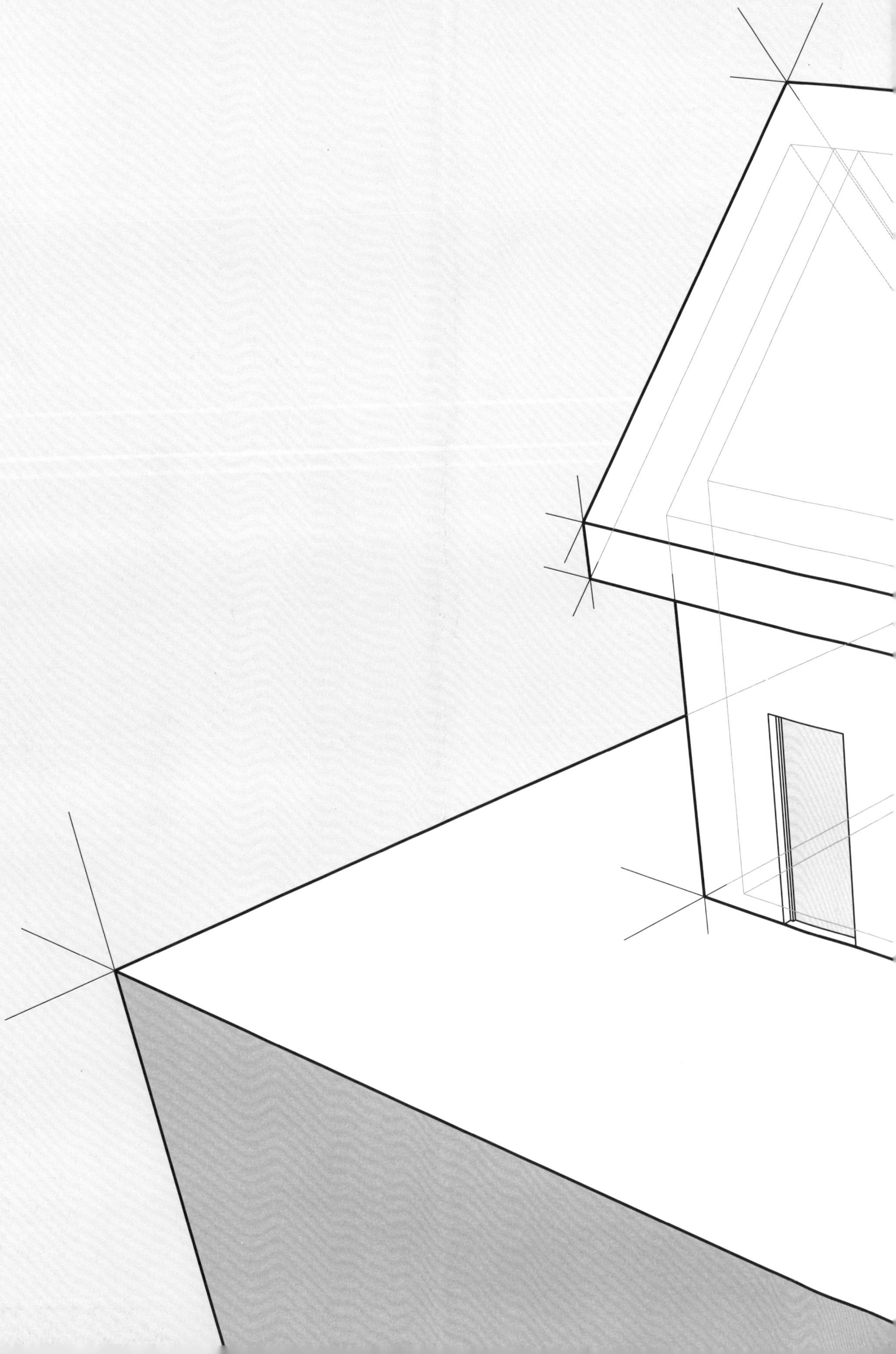